技工院校工学一体化课程教学资源

技工院校多媒体制作专业工学一体化教材

图文作品的图片处理工作页

主编　马草原

学习任务一 个人形象照的修饰

中国劳动社会保障出版社

简介

本书为技工院校多媒体制作专业“图文作品的图片处理”工学一体化课程的工作页，依据《多媒体制作专业国家技能人才培养工学一体化课程标准》编写，供各地技工院校开展工学一体化教学使用。

本书主要包括个人形象照的修饰、产品图片的后期合成、产品海报的特效处理三个学习任务，每个学习任务包含获取信息、制订计划、做出决策、实施计划、过程控制、总结拓展六个学习环节。

完成本书中学习任务所需的相关素材可通过技工教育网（https://jg.class.com.cn）下载并使用。

图书在版编目（CIP）数据

图文作品的图片处理工作页 / 马草原主编 . -- 北京 : 中国劳动社会保障出版社，2025. --（技工院校工学一体化课程教学资源）（技工院校多媒体制作专业工学一体化教材）. -- ISBN 978-7-5167-7085-6

Ⅰ. TP391. 413

中国国家版本馆 CIP 数据核字第 2025B31H80 号

图文作品的图片处理工作页

TUWEN ZUOPIN DE TUPIAN CHULI GONGZUOYE

中国劳动社会保障出版社出版发行

（北京市惠新东街 1 号　邮政编码：100029）

*

北京市艺辉印刷有限公司印刷装订　　新华书店经销

880 毫米 ×1230 毫米　16 开本　20.25 印张　442 千字

2025 年 8 月第 1 版　　2025 年 8 月第 1 次印刷

定价：53.00 元

营销中心电话：400-606-6496

出版社网址：https://www.class.com.cn

https://jg.class.com.cn

技工院校工学一体化课程教学资源

技工院校多媒体制作专业工学一体化教材

开发院校

牵头院校：青岛市技师学院

参与院校：山东技师学院　北京市新媒体技师学院

指导专家

张利芳　陈海娜　马　琳

本书编审人员

主　　编：马草原

参　　编：赵　洁　冀俊杰　张善理　苏学涛　于淑慧　李亚琳　金　婷
江　源　秦晓娜　谭淼洋

审　　稿：李　飞　郝金亭

指　　导：陈海娜

序

技工教育的本质是就业教育，其最显著的特征是职业性，其最好的培养模式就是“在工作中学习、在学习中工作”。培育大批高技能人才，既要适应新一轮科技革命和产业变革的需要，也要遵循技能人才成长发展规律，创新技能人才培养方式。推进工学一体化技能人才培养模式改革是推进校企融合、提质培优的重要途径，是技工院校服务制造业和实体经济发展的务实举措。

2009 年，人力资源社会保障部办公厅印发了《技工院校一体化课程教学改革试点工作方案》，分三批在部分技工院校试点开展工学一体化课程教学改革工作，到 2021 年已经覆盖 31 个专业 191 所部级试点院校。经过十多年的发展，理念得到认同、试点不断扩大、学生学习兴趣明显提高，取得了显著成效。2022 年 3 月，人力资源社会保障部印发了《推进技工院校工学一体化技能人才培养模式实施方案》，提出在全国技工院校大力推进工学一体化技能人才培养模式，实现百个专业、千所院校、万名教师的“百千万”工作目标，以促进技工院校人才培养模式变革、提升技能人才培养质量、带动形成技工院校改革创新新局面。

新一轮工学一体化课程教学改革开展聚焦“课程标准”“课程资源”“教师培养”三项重点工作，为持续推进技工院校工学一体化技能人才培养模式实施奠定了坚实基础。印发《〈国家技能人才培养工学一体化课程标准〉开发技术规程》，出版《工学一体化课程开发指导手册》，分三阶段指引完成 103 个专业国家技能人才培养工学一体化课程标准与课程设置方案开发；编制《工学一体化课程教学资源开发指

南》，开发第一批 14 个专业 37 门课程工学一体化课程教学资源；印发《技工院校工学一体化教师培训标准》，出版《工学一体化教师培训指导手册》，依托工学一体化教师培训基地培育师资队伍；印发《技工院校工学一体化课堂、课程、专业、院校建设标准》，出版《工学一体化课程教学实施指导手册》，指引 1 000 所技工院校对标开展工学一体化优质课堂、精品课程、示范专业、骨干院校的建设工作，实现以评促建的目标。

教材建设是教学改革成果固化的重要载体。本次工学一体化课程教学资源按照工作逻辑呈现实践、理论知识和素养，遵循工作过程六步法，从工作向“工作 + 学习”融合，通过引导问题层层递进，实现“输入—内化—输出—考核”的学习闭环，突出学生心智技能和思维的培养，强调学生个人成长的积累。近年来，通过指导专家、几百位试点院校的骨干教师以及编辑团队共同努力，产出了教学指导用书、工作页及答案、信息页及数字资源等形式的系列教材学材，以满足技工院校的教学使用需求。

本系列教材及配套资源的出版，不仅是对本轮技工院校工学一体化技能人才培养模式改革工作的阶段性总结，也是打通从课程标准到课堂实施最后一公里的全新尝试，意义深远。希望全国技工院校将推行工学一体化技能人才培养模式作为创新人才培养模式、提高人才培养质量的重要抓手，为加快培养具有良好工作思维与习惯、自主学习意识与能力、精湛专业技艺与技能的复合型技能人才作出新的更大贡献！

技工教育和职业培训教学指导委员会

2025 年 4 月

目录

学习任务一 个人形象照的修饰

任务描述

任务情境

某互联网培训公司为了扩大培训规模，新招聘了一批培训讲师。现需要及时更新培训讲师的资料信息库，用于培训讲师个人形象的塑造和官网培训课程的介绍，以促进课程的推广和培训中心的宣传。目前已完成培训讲师个人形象照的拍摄，现需要完成 4 名培训讲师个人形象照的修饰，并交付验收。

学生从教师处接到任务单后，听取教师对培训讲师个人形象照修饰要求的解读，明确任务要求和客户个性化需求，获取个人形象照的修饰资料，解读人像修饰要求等信息；分析原有形象照成片的风格类型、色调特征；查找并记录图片素材存在的色调、颜色、瑕疵和轮廓比例等问题；梳理个人形象照的修饰流程，列举用于校正整体画面、修复瑕疵缺陷、精修皮肤、优化细节，风格化调色的方式、工具、应用位置，制定个人形象照的修饰方案，通过对比分析选定最优修饰工具及方法；独立使用 Adobe Photoshop 等图片处理软件校正全局色调、颜色，修复图片背景污点，去除人物面部瑕疵，平滑整体皮肤，保留纹理细节，调整皮肤不同区域的明暗关系，对五官、发型、面部轮廓、形体等细节进行优化处理，进行风格化调色，检查并完善初稿；按照交付要求将人像处理方案、源文件、展示文件、验收单等材料交付教师并配合完成验收。

个人形象照的修饰应主题突出、立意鲜明、层次丰富、色彩协调，遵守企业质量体系管理制度、6S 管理制度等企业管理规定，遵守《中华人民共和国著作权法》等法律法规，避免违法、违规、侵权等行为。

任务要求

1. 整体设计要求

（1）个人形象照要突显人物形象气质、图片层次丰富、色彩和谐统一。

（2）高效准确地提升画质，塑造人像的立体感，图像无变形、无拉伸。

2. 个性化需求

（1）皮肤干净通透、纹理清晰有质感，适当调亮肤色。

（2）优化五官比例、面部和头发轮廓，适当放大眼睛。

（3）优化形体轮廓，调整整体色彩。

3. 交付要求

（1）色彩模式为 RGB 模式，大小在 200 KB 以内，分辨率为 72 ppi（pixel/inch）。

（2）提交一个以“个人形象照”命名的文件夹，文件夹内需包含 1 份 PSD 格式的源文件、1 份 JPG 格式的人像处理展示文件。

任务资料

1. 个人形象照图片素材（见图 1-0-1）

图 1-0-1 个人形象照图片素材

2. 原有形象照成片（见图 1-0-2）

图 1-0-2　原有形象照成片

学习目标

1. 能解读任务单，明确客户要求和个性化需求，填写任务要求和客户需求分析表；分析原有的培训讲师形象照存在的问题，填写素材分析记录表。

2. 能梳理个人形象照修饰流程，列举用于校正整体画面、修复瑕疵缺陷、精修皮肤、优化比例，风格化调色的方式、工具、应用位置，制定个人形象照的修饰方案。

3. 能对比分析不同修饰方式和工具的优缺点，选定个人形象照风格的修饰策略，并能查阅任务相关的法律法规。

4. 能根据修饰策略校正图片存在的曝光偏色问题，去除污点、修复瑕疵，平滑皮肤、保留纹理细节，优化五官、发型、面部轮廓、形体比例，调整整体色彩。

5. 能自检初稿文件的大小、分辨率、色彩模式等属性参数和画面修饰效果；对源文件和展示文件进行规范命名、存储，在规定时间内完成交付和验收。

6. 能总结工作经验，分析不足，撰写心得体会；完成培训讲师证件照的修饰，独立输出终稿，整理设计资料档案。

7. 在任务完成的过程中，具备信息处理能力、数字技术应用能力、与人沟通的能力，以及细致严谨的工作态度、实践意识和劳动精神。

建议学时

60 学时

学习路径

学习任务
学习环节
学习步骤及学生活动
个人形象照的修饰
获取信息
接受任务，明确要求
领取并核对任务资料，明确交付要求
使用专业术语进行沟通，明确客户个性化需求
梳理任务背景知识
分析不同风格的个人形象照
整理个人形象照的相关资料
分析原有成片
分析原有形象照成片的风格类型
分析原有形象照成片的色彩呈现形式
判断原有形象照成片分析的准确性
分析个人形象照图片素材
分析图片的色调颜色
查找瑕疵和污点
分析脸型、五官、头发和形体比例
判断个人形象照图片素材分析的准确性
制订计划
梳理个人形象照修饰流程
整理个人形象照修饰的关键步骤
梳理个人形象照修饰流程并修改完善
制定个人形象照修饰方案
讨论图片问题的解决方法，列举用以校正整体画面的工具
构思瑕疵修复方式，列举瑕疵修复工具、皮肤精修工具
构思比例优化方式，讨论调整的位置和方法
构思风格化调色方向，列举色彩调整工具
分析个人形象照的修饰方案
做出决策
分析方案的可行性
明确个人形象照修饰任务应遵循的法律法规和行为规范
对比分析不同修饰方式、工具的优缺点
选定个人形象照的修饰策略
分析个人形象照的修饰策略是否为最优
完善个人形象照的修饰策略并形成定稿

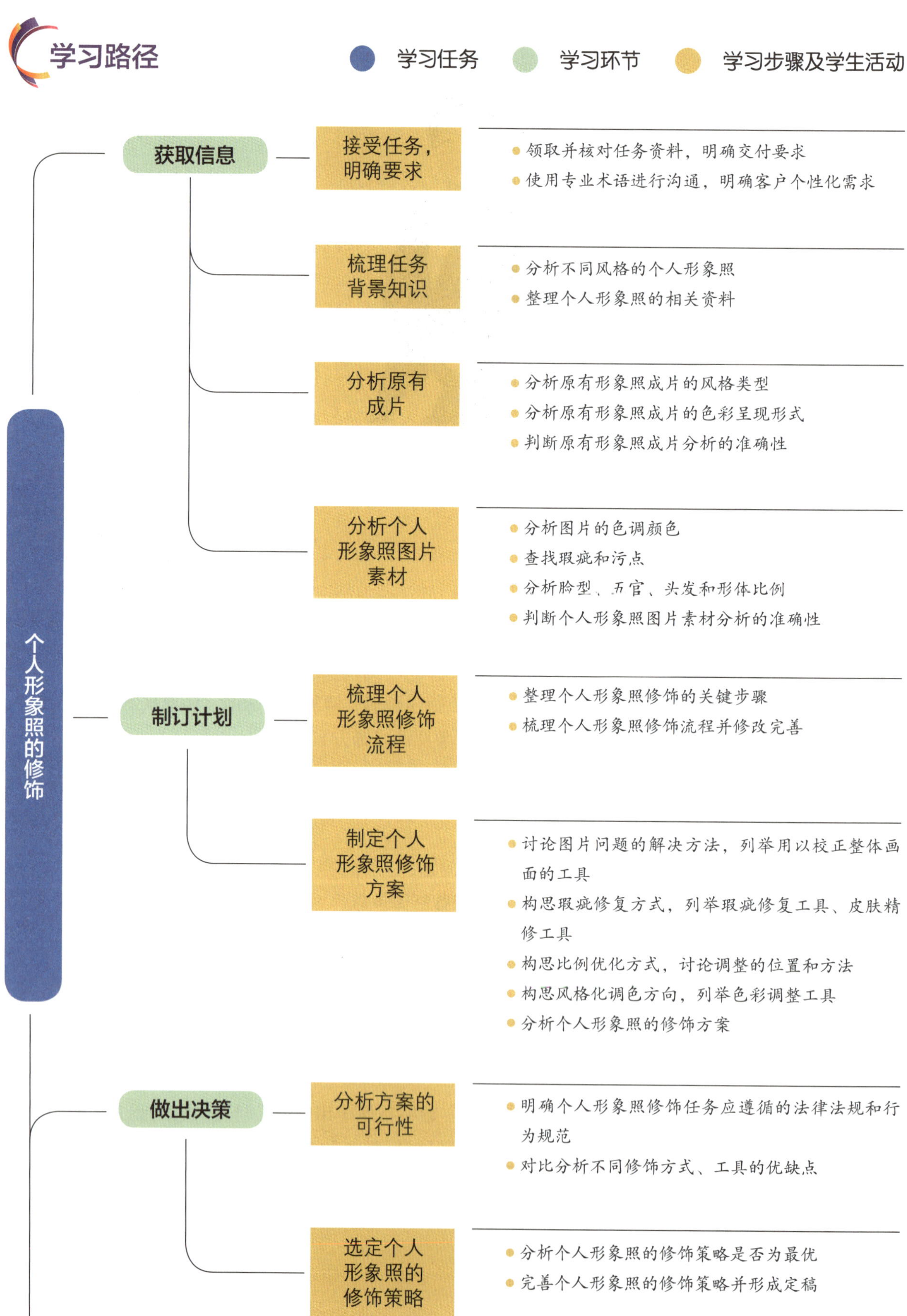

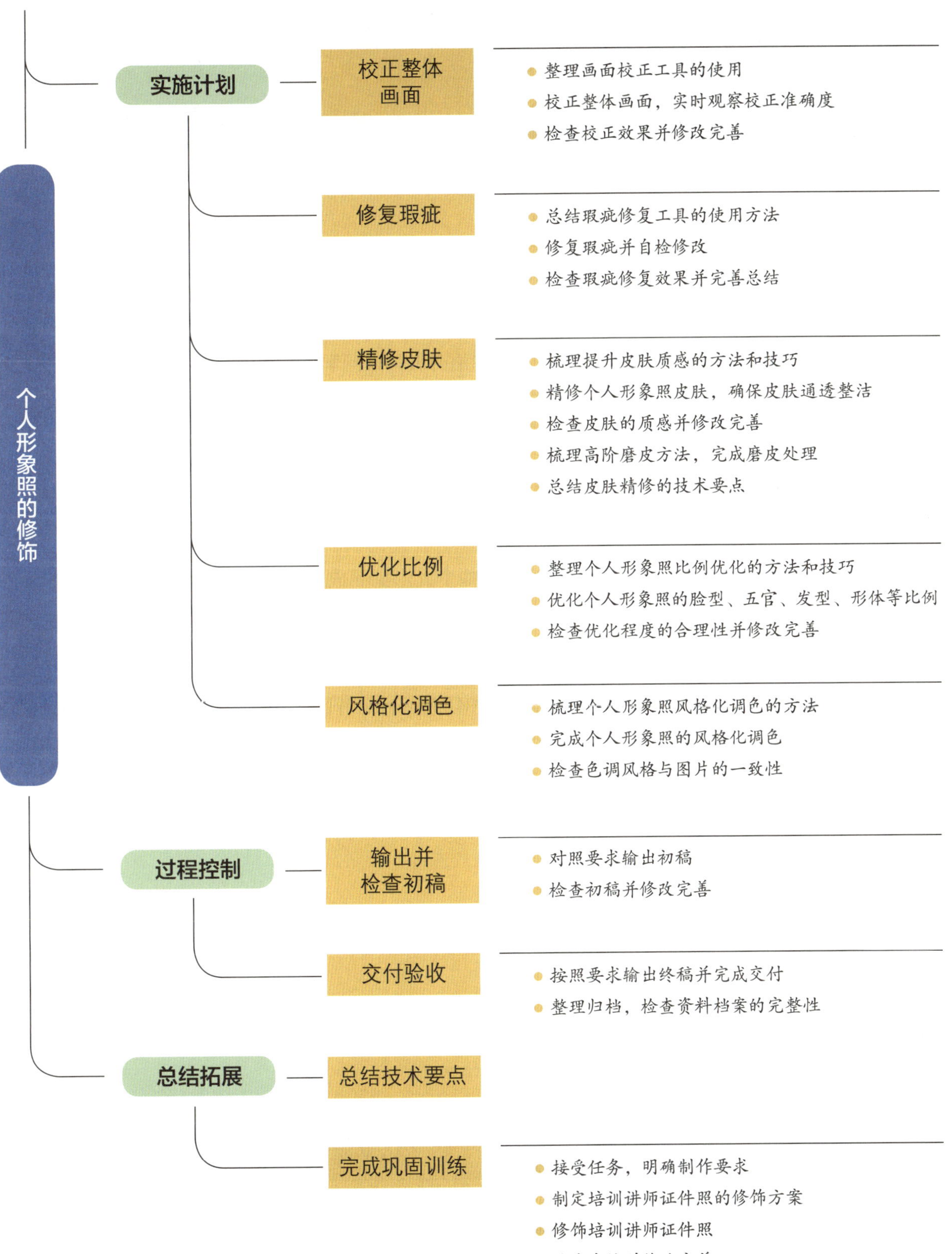
个人形象照的修饰
实施计划
校正整体画面
整理画面校正工具的使用
校正整体画面，实时观察校正准确度
检查校正效果并修改完善
修复瑕疵
总结瑕疵修复工具的使用方法
修复瑕疵并自检修改
检查瑕疵修复效果并完善总结
精修皮肤
梳理提升皮肤质感的方法和技巧
精修个人形象照皮肤，确保皮肤通透整洁
检查皮肤的质感并修改完善
梳理高阶磨皮方法，完成磨皮处理
总结皮肤精修的技术要点
优化比例
整理个人形象照比例优化的方法和技巧
优化个人形象照的脸型、五官、发型、形体等比例
检查优化程度的合理性并修改完善
风格化调色
梳理个人形象照风格化调色的方法
完成个人形象照的风格化调色
检查色调风格与图片的一致性
过程控制
输出并检查初稿
对照要求输出初稿
检查初稿并修改完善
交付验收
按照要求输出终稿并完成交付
整理归档，检查资料档案的完整性
总结拓展
总结技术要点
完成巩固训练
接受任务，明确制作要求
制定培训讲师证件照的修饰方案
修饰培训讲师证件照
输出自检并修改完善

学习环节一 获取信息

学习目标

1. 能独立领取并核对个人形象照修饰任务单和素材图片，听取教师解读任务单并提取工作时间、输出格式等交付要求；使用个人形象照修饰专业术语与教师或同学进行沟通，明确客户对肤色、美颜程度、形体方面的个性化需求；填写任务要求和客户需求分析表，确保任务信息准确无误，具有与人沟通的能力。

2. 能采用小组合作的方式，查阅个人形象照风格类型、常见配色等信息资料；整理个人形象照风格类型、常见配色、修饰原则、注意事项等信息资料；绘制个人形象照修图基础知识图谱。

3. 能采用小组合作的方式，分析原有培训讲师个人形象照成片人物的服饰、妆容，判断其风格类型，分析原有成片的背景色彩、服饰、妆容的色彩属性，分析色调特征，填写原有图片风格色调特征分析表，具备信息处理能力。

4. 能采用小组合作的方式，根据对任务要求和任务资料的解读，分析现有培训讲师形象照图片，查找并记录图片存在的色调颜色、面部瑕疵污点、皮肤质感和形体细节比例等问题，填写素材分析记录表，确保图片问题分析全面无遗漏，处理高效。

建议学时

8 学时

学习要求

序号	学习步骤	学习内容	学时	备注
1	接受任务，明确要求	**实践知识：** （1）个人形象照修饰任务单的领取与图片素材数量的核对	2	

续表

序号	学习步骤	学习内容	学时	备注
1	接受任务，明确要求	（2）个人形象照交付要求、个性化需求等基本信息的提取 （3）客户个性化需求的解读 **理论知识：** （1）图片处理的专业术语 （2）个人形象照处理的专业术语 **能力素养：** 与人沟通的能力		
2	梳理任务背景知识	**实践知识：** （1）个人形象照风格类型的判断 （2）个人形象照主色和辅助色的判断 **理论知识：** （1）个人形象照风格的类型和常见配色 （2）个人形象照图片的修饰原则、注意事项	3	
3	分析原有成片	**实践知识：** （1）原有形象照成片风格类型的判断 （2）原有形象照成片色调特征的分析 **理论知识：** 形象照成片风格、色调的分析要素 **能力素养：** 信息处理能力	1	
4	分析个人形象照图片素材	**实践知识：** （1）图片素材色调颜色的分析 （2）原有形象照成片瑕疵问题的查找、分类与标注 （3）脸型、五官、头发、形体等轮廓比例的分析 **理论知识：** （1）直方图的类型及代表的不同状态 （2）常见的皮肤瑕疵和污点特征 （3）人像面部和形体结构的常见标准比例 **能力素养：** 信息处理能力	2	

一、接受任务，明确要求

（一）领取并核对任务资料，明确交付要求

1. 浏览、核对素材图片，并进行重命名，填入表 1–1–1 中。

表 1-1-1　　个人形象照修饰任务素材图片核对

序号	原名称	图片显示检查情况	新名称
1		□完整　□不完整	
2		□完整　□不完整	
3		□完整　□不完整	
4		□完整　□不完整	

2. 查阅信息页中图片处理的基础知识，小组合作提取关键词，整理交付时间、输出要求等基本信息，填入表 1-1-2 中。

（1）学习位图、矢量图的概念、特点与像素、分辨率等图片处理的专业术语，分辨不同类型的图片。

1）________（位图 / 矢量图）是由很多像素方块组成的，逐级放大后，图片清晰度逐渐下降，与图 1-1-1 中的________（a/b）效果一致。

2）________（位图 / 矢量图）是由一个个点连接在一起组成的，是根据几何特性来绘制的图像，放大后不会失真，与图 1-1-1 中的________（a/b）效果一致。

3）打开本任务中原有形象照图片素材进行逐级放大，观察清晰度的变化，可判断该任务图片属于__________（位图 / 矢量图）。

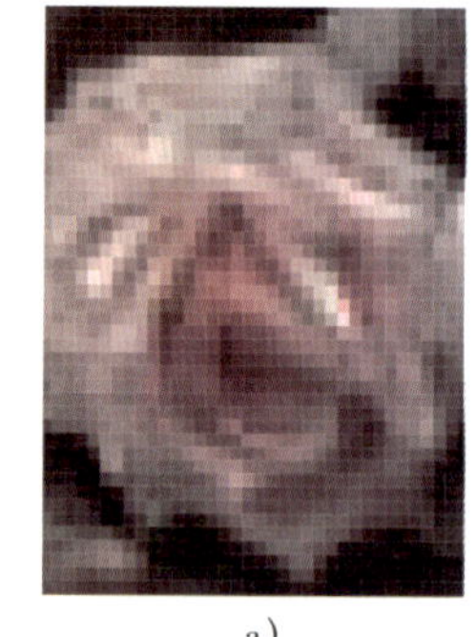
a)

b)

图 1-1-1　位图、矢量图案例

a）图片案例 1　b）图片案例 2

（2）学习图片的常用格式和色彩模式等知识，明确不同格式图片的优缺点和色彩模式的特点。

1）将图片格式与特点进行连线匹配。

图片格式	特点
GIF 格式	适用于高质量打印，可以保存丰富的图像细节
JPEG 格式	支持动画和透明背景，文件尺寸较小，适用于网络传输
PNG 格式	应用广泛，适用于有损压缩，不会过度损失图像质量
PSD 格式	支持无损压缩和透明度，适用于需要保存透明背景的图像
TIFF 格式	主要适用于保存 PS 编辑的图像，支持图层、路径和通道等

2）本任务中素材图片的色彩模式是________模式，除此之外，常见的色彩模式还有________、________和________模式。在观察人物图片是否偏色时，可以采用________色彩模式，图片印刷输出时，可以采用________色彩模式。

3）HSB 颜色空间的色域要（　　）RGB 颜色空间。**【单选题】**

A. 大于　　B. 等于　　C. 小于

（3）阅读任务描述中的任务要求，提取交付时间、整体设计要求、交付要求等基本信息，填写在表 1–1–2 中。

（二）使用专业术语进行沟通，明确客户个性化需求

1. 查阅个人形象照后期处理专业术语资料，使用专业术语进行沟通，明确客户对肤色、美颜程度、形体等方面的个性化需求。

（1）个人形象照后期处理的环节包括（ ）。【多选题】

A. 瑕疵去除　　B. 皮肤精修　　C. 五官比例优化

D. 形体比例优化　　E. 风格化调色　　F. 排版

（2）个人形象照后期处理的美颜程度越接近理想标准越好。（ ）【判断题】

（3）使用个人形象照后期处理专业术语解读任务单，将表 1–1–2 中的“个性化需求”部分填写完整。

表 1-1-2　　个人形象照修饰工作任务要求分析

交付时间	
整体设计要求	
个性化需求	
交付要求	

2. 各组选派代表展示本组的工作任务要求分析表，听取各组汇报，从提取信息的完整性、需求理解的准确性、术语表达的规范性等方面记录优点并提出建议。

3. 小组共同查阅信息页中的评分细则，结合各组的汇报表现，完成组间互评并说明理由，填入表 1-1-3 中，根据各方反馈意见进一步修改完善。

表 1-1-3　　评价项目 1：个人形象照修饰工作任务要求分析评分表

<table>
<tr><th>评价项目</th><th>评价标准</th><th colspan="6">组间互评（30%）</th><th>教师评价（70%）</th><th>说明</th></tr>
<tr><td>1. 独立使用图片处理方面的专业术语进行沟通</td><td rowspan="3">一般（0 ~ 1 分）
良好（2 ~ 3 分）
优秀（4 ~ 5 分）
注：每项单独评分，合计时取三项的平均值</td><td></td><td></td><td></td><td></td><td></td><td></td><td></td><td></td></tr>
<tr><td>2. 准确复述客户对肤色、美颜、形体方面的个性化需求</td><td></td><td></td><td></td><td></td><td></td><td></td><td></td><td></td></tr>
<tr><td>3. 准确记录任务要求并与教师沟通确认</td><td></td><td></td><td></td><td></td><td></td><td></td><td></td><td></td></tr>
<tr><td colspan="2">合计得分（共 5 分）</td><td colspan="8"></td></tr>
<tr><td colspan="2">最终得分（组间互评 30%+ 教师评价 70%）</td><td colspan="8"></td></tr>
<tr><td colspan="2">互评人签字：</td><td colspan="8">教师签字：</td></tr>
</table>

注：合计得分应计算平均值后，再进行最终得分的计算，下同。

二、梳理任务背景知识

（一）分析不同风格的个人形象照

查阅信息页中个人形象照风格类型和常见配色的相关资料，明确不同人像风格类型，完成个人形象照风格判断等练习。

1. 常见的个人形象照有哪几种类型？

___

2. 观察表 1-1-4 中不同个人形象照图片的服饰、妆容、人物气质等，判断其风格类型，在方框内画“√”。

表 1-1-4　个人形象照表现手法及风格分析

个人形象照图片	表现手法			风格判断
	服饰	妆容	人物气质	
	□古装 □职业装 □日常装 □时尚装	□底妆清透、精致、可爱 □凸显个性、独特时尚 □端庄典雅、东方神韵 □简约、淡雅	□成熟稳重 □日常、阳光 □时尚、个性化 □典雅端庄	□职业风 □清新风 □时尚风 □古风
	□古装 □职业装 □日常装 □时尚装	□底妆清透、精致、可爱 □凸显个性、独特时尚 □端庄典雅、东方神韵 □简约、淡雅	□成熟稳重 □日常、阳光 □时尚、个性化 □典雅端庄	□职业风 □清新风 □时尚风 □古风
	□古装 □职业装 □日常装 □时尚装	□底妆清透、精致、可爱 □凸显个性、独特时尚 □端庄典雅、东方神韵 □简约、淡雅	□成熟稳重 □日常、阳光 □时尚、个性化 □典雅端庄	□职业风 □清新风 □时尚风 □古风
	□古装 □职业装 □日常装 □时尚装	□底妆清透、精致、可爱 □凸显个性、独特时尚 □端庄典雅、东方神韵 □简约、淡雅	□成熟稳重 □日常、阳光 □时尚、个性化 □典雅端庄	□职业风 □清新风 □时尚风 □古风

（二）整理个人形象照的相关资料

1. 学习个人形象照图片的修饰原则和注意事项等内容，完成以下问题。

（1）个人形象照图片的修饰原则有____________、______________、______________和________
__________。

（2）个人形象照图片的修饰的注意事项有哪些？

____

____

2. 整理个人形象照处理风格类型、修饰原则、注意事项等知识，完成个人形象照处理知识思维导图的绘制，如图 1–1–2 所示。

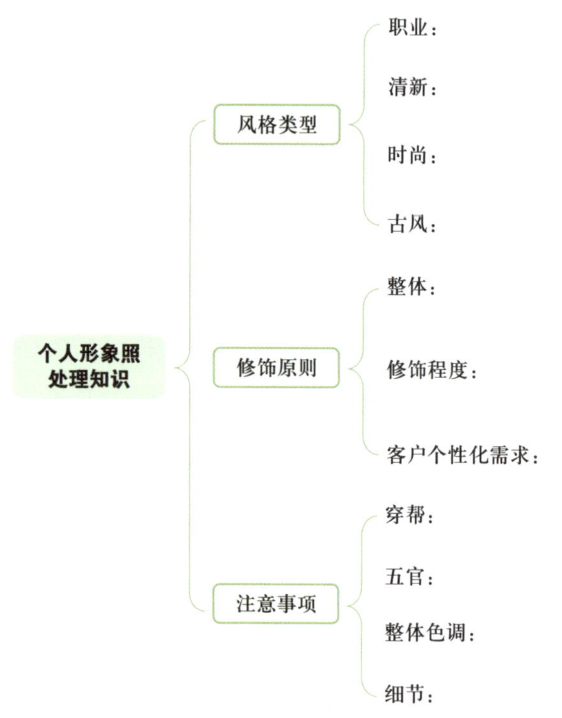

图 1–1–2　个人形象照处理知识思维导图

三、分析原有成片

（一）分析原有形象照成片的风格类型

根据个人形象照处理知识思维导图，小组共同分析，完成表 1–1–5 的填写。

表 1-1-5　　原有形象照成片表现手法及风格分析

原有形象照成片	表现手法			风格判断
	服饰	妆容	人物气质	
	□古装 □职业装 □日常装 □时尚装	□底妆清透、精致、可爱 □凸显个性、独特时尚 □端庄典雅、东方神韵 □简约、淡雅	□成熟稳重 □日常、阳光 □时尚、个性化 □典雅端庄	□职业风 □清新风 □时尚风 □ 古风

（二）分析原有形象照成片的色彩呈现形式

1. 查阅信息页中主色和辅助色判断的相关资料，梳理主色和辅助色的判断方法和技巧，完成以下问题。

（1）________（主色 / 辅助色）的确定可以为作品的设计奠定一个基调，这个基调也影响着作品所要传达的信息和风格。该颜色在色彩非常鲜明的情况下也可以起到吸引眼球的作用。

（2）________（主色 / 辅助色）强调图片中的特定元素或细节。其主要目的是辅助和衬托主色，使画面更完整，层次更丰富，突出重点，增强图片的表现力。

（3）观察表 1-1-6 中的图片示例，根据不同颜色的面积大小，判断图片的主色和辅助色，完成表 1-1-6 的填写。

表 1-1-6　　人物图片主色、辅助色分析

图片示例	属性	颜色面积分析		
		色彩 A	色彩 B	色彩 C
	色相	■	■	■
	面积	□最多 □中等 □偏少	□最多 □中等 □偏少	□最多 □中等 □偏少
结论		主色：□ A　□ B　□ C　　辅助色：□ A　□ B　□ C		

2. 分析原有形象照成片的色彩属性，判断其色调特征。

（1）观察图 1–0–2 中的人物肤色，可见该人物肤色为________（深色 / 浅色），纯色背景的个人形象照肤色一般会偏向________（□背景 / □前景）的主色调。

（2）依据主色和辅助色的判断方式，观察图 1–0–2 所示原有形象照成片的色彩和面积比例，判断主色为（□ ■ / □ ■），辅助色为（□ ■ / □ ■）。

3. 整理原有形象照成片的风格特征，提炼其色调特征，填入表 1–1–7 中。

表 1–1–7　原有形象照成片风格色调特征分析表

风格分析	服饰	
	妆容	
	人物气质	
	风格	
色调分析	主色	
	辅助色	

（三）判断原有形象照成片分析的准确性

1. 选举代表展示本组的风格色调特征分析表，听取各组汇报，从分析的准确性、完整性，表达的规范性等方面记录优缺点并提出建议。

____

____

2. 小组成员共同查阅信息页中的评分细则，结合各组的汇报表现，完成组间互评并说明理由，填入表 1–1–8 中，根据各方反馈意见进一步修改完善。

表 1–1–8　评价项目 2：原有形象照成片的风格色调特征分析评分表

评价项目	评价标准	组间互评（30%）						教师评价（70%）	说明
1. 原有形象照成片的风格分析（共 2 分）	（1）服饰、妆容、人物气质表现手法分析准确，得 1 分								
	（2）风格判断准确，得 1 分								

续表

评价项目	评价标准	组间互评（30%）						教师评价（70%）	说明
2. 原有形象照成片的色调分析（共3分）	（1）颜色面积准确，得1分								
	（2）主色判断准确，得1分								
	（3）辅助色判断准确，得1分								
合计得分（共5分）									
最终得分（组间互评30%+教师评价70%）									
互评人签字：			教师签字：						

四、分析个人形象照图片素材

（一）分析图片的色调颜色

1. 观察素材图片的黑白灰面积层次关系，查阅信息页中直方图、黑白场的相关资料，思考曝光问题的判断方法，判断素材图片的曝光是否准确。

（1）观察图1-1-3中图片明度的变化，分析亮调、暗调、中间调等区域特征。

1）画面整体亮度较高，泛白，细节信息丢失，曝光过度的是图1-1-3中的____。

2）亮调、暗调、中间调等区域颜色饱满，图片信息丰富，曝光正常的是图1-1-3中的____。

3）画面整体亮度偏暗，头发等暗部区域看不到细节，曝光不足的是图1-1-3中的____。

a）

b）

c）

图1-1-3 曝光问题判断

a）曝光问题案例1 b）曝光问题案例2 c）曝光问题案例3

（2）查阅信息页中直方图认知等相关资料，明确直方图的组成结构、各属性的含义，借助直方图的三种视图观察图片细节，分析案例的曝光是否正常。

1）以下关于直方图的说法中，错误的是（ ）。【单选题】

A. 直方图显示阴影、中间调、高光三个部分

B. 直方图表示图像每个亮度级别的像素分布情况

C. 可以通过直方图判断照片的色调，从而方便调整画面的光影层次，更好地去表达拍摄的主题内容

D. 直方图显示高调（在直方图的左侧部分显示）、中间调（在中部显示）以及暗调（在右侧部分显示）

2）直方图会显示画面所有像素亮度值的记录，直方图的横轴代表像素的（　　），纵轴则是表示该亮度区域的像素（　　）。**【单选题】**

A. 数量　　B. 亮度　　C. 色值　　D. 形状　　E. 细节

3）观察下列直方图的形态和明度信息，判断是否存在曝光问题，将图示与对应的问题用线连接起来。

直方图状态	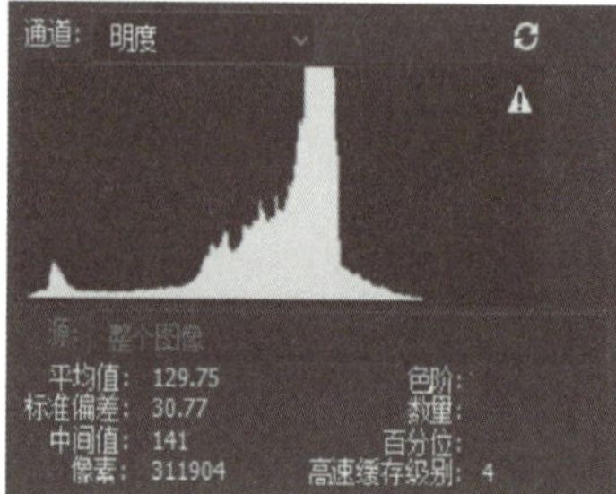	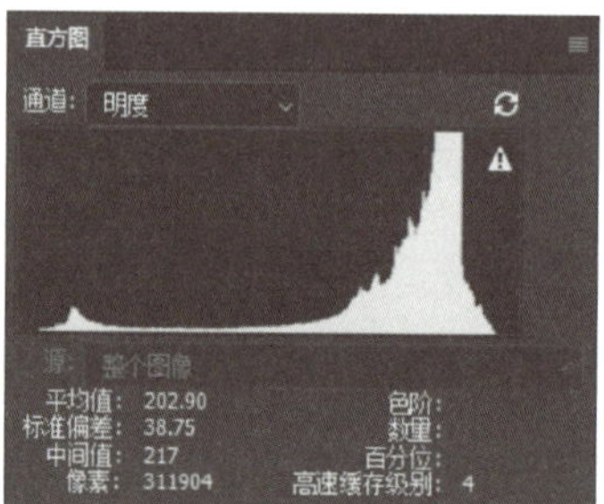	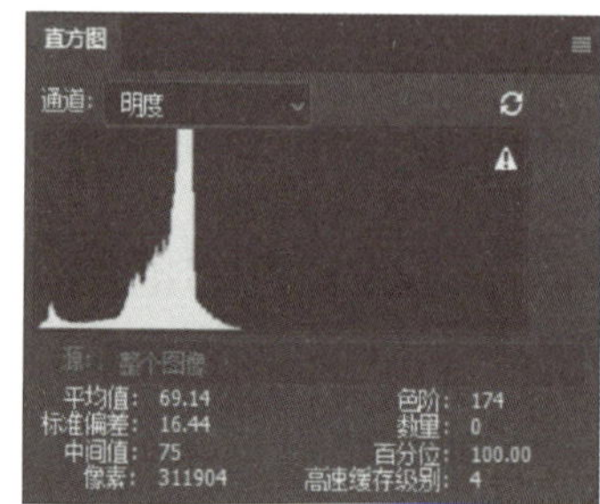
曝光问题	曝光过度	曝光正常	曝光不足

（3）查看任务单素材，对图片的黑白灰面积和层次关系进行分析，判断图片的曝光情况，填入表 1-1-9 中。

表 1-1-9　　个人形象照图片曝光情况分析

图片				
图片情况分析	□信息丰富 □暗部细节缺失 □亮部细节缺失	□信息丰富 □暗部细节缺失 □亮部细节缺失	□信息丰富 □暗部细节缺失 □亮部细节缺失	□信息丰富 □暗部细节缺失 □亮部细节缺失
曝光情况判断	□曝光不足 □曝光准确 □曝光过度	□曝光不足 □曝光准确 □曝光过度	□曝光不足 □曝光准确 □曝光过度	□曝光不足 □曝光准确 □曝光过度

2. 观察图片的直方图，读取 RGB 复合通道和 RGB 单独通道的平均值，找出差值较大的通道，判断图片是否偏色，填入表 1-1-10 中。

表 1-1-10　　个人形象照图片偏色情况分析

图片				
像素平均值	RGB 通道：（　　） R 通道：（　　） G 通道：（　　） B 通道：（　　）	RGB 通道：（　　） R 通道：（　　） G 通道：（　　） B 通道：（　　）	RGB 通道：（　　） R 通道：（　　） G 通道：（　　） B 通道：（　　）	RGB 通道：（　　） R 通道：（　　） G 通道：（　　） B 通道：（　　）
偏色判断	偏色：□是　□否 偏____色	偏色：□是　□否 偏____色	偏色：□是　□否 偏____色	偏色：□是　□否 偏____色

（二）查找瑕疵和污点

观察素材图片中人物皮肤的纹理细节，小组合作共同查找现有素材图片的瑕疵和污点，并根据瑕疵和污点的面积、类型进行分类。

1. 浏览素材图片，查找痘印、痦子、雀斑、皮肤红肿、暗沉、眼袋、细纹等常见的皮肤瑕疵和污点，填入表 1-1-11 中。

表 1-1-11　　常见皮肤瑕疵和污点特征

图片示例					
类型					
面积	□大　□小 □连续 □不连续	□大　□小 □连续 □不连续	□大　□小 □连续 □不连续	□大　□小 □连续 □不连续	□大　□小 □连续 □不连续
位置	□额头　□眼周 □鼻翼　□口周 □颧骨　□下巴	□额头　□眼周 □鼻翼　□口周 □颧骨　□下巴	□额头　□眼周 □鼻翼　□口周 □颧骨　□下巴	□额头　□眼周 □鼻翼　□口周 □颧骨　□下巴	□额头　□眼周 □鼻翼　□口周 □颧骨　□下巴

2. 根据上题中瑕疵和污点特征分析方法，查找个人形象照中的瑕疵和污点，进行分类并记录各瑕疵和污点存在的位置，填入表 1-1-12 中。

表 1-1-12　　个人形象照图片瑕疵查找记录

图片				
类型	□痘印　□痦子 □雀斑　□红肿 □暗沉　□眼袋 □细纹　□____	□痘印　□痦子 □雀斑　□红肿 □暗沉　□眼袋 □细纹　□____	□痘印　□痦子 □雀斑　□红肿 □暗沉　□眼袋 □细纹　□____	□痘印　□痦子 □雀斑　□红肿 □暗沉　□眼袋 □细纹　□____
位置				

（三）分析脸型、五官、头发和形体比例

1. 观看人物面部特征和形体结构特征微课视频，学习个人形象照面部特征和人物形体结构特征的相关知识，记录面部三庭五眼标准比例关系以及人物形体结构特征分析方法。

（1）学习个人形象照面部特征的相关知识，明确五官比例分析方法。

1）根据面部三庭五眼标准比例关系，在图 1-1-4 的空白处补充各部分在面部中的占比。

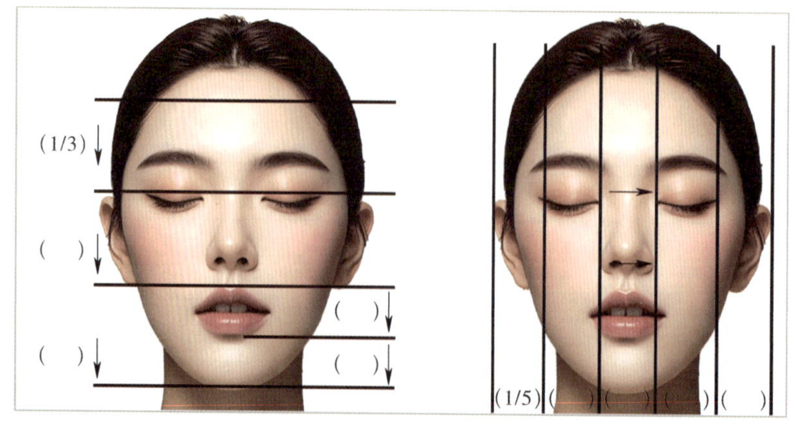

图 1-1-4　三庭五眼比例示意图

2）将面部竖直分割为五份，鼻子占其中的__________左右。

3）将面部水平分割为三份，鼻子占其中的__________左右。

（2）学习人物形体结构特征，明确形体轮廓分析方法。

1）头部与颈部宽度的比例达到 1.2 : 1 时显得人气质更好。（　　）【判断题】

2）颈部与肩部成直角时，肩颈部线条会看起来更优美。（　　）【判断题】

3）颈部的宽度应（　　）眼距的宽度。【单选题】

A. >　　B. <　　C. =

4）脖子后侧的平斜方肌要（　　），锁骨要（　　）。【单选题】

A. 平直凸出　　B. 单薄不突出

2. 以小组合作的方式使用软件放大观察，共同查找个人形象照原片中人物的面部比例和形体比例，找出人物脸型、五官、头发以及形体结构中存在的比例问题，并填入表 1-1-13 中。

表 1-1-13　　个人形象照图片人物轮廓比例问题分析

图片				
面部脸型	□宽脸 □不对称 □其他______	□宽脸 □不对称 □其他______	□宽脸 □不对称 □其他______	□宽脸 □不对称 □其他______
五官细节	□大小眼 □宽鼻 □耳朵小 □嘴突 □其他______	□大小眼 □宽鼻 □耳朵小 □嘴突 □其他______	□大小眼 □宽鼻 □耳朵小 □嘴突 □其他______	□大小眼 □宽鼻 □耳朵小 □嘴突 □其他______
形体结构	□高低肩 □手臂粗 □头肩比不和谐 □其他______	□高低肩 □手臂粗 □头肩比不和谐 □其他______	□高低肩 □手臂粗 □头肩比不和谐 □其他______	□高低肩 □手臂粗 □头肩比不和谐 □其他______

（四）判断个人形象照图片素材分析的准确性

1. 以小组为单位，共同整理图片素材存在的色调颜色、瑕疵类型和人物轮廓比例等问题，填入表 1-1-14 中。

表 1-1-14 个人形象照图片分析记录表

图片				
色调颜色分析结果				
瑕疵类型位置分析结果				
人物轮廓比例分析结果				

2. 选举代表展示本组的个人形象照图片分析记录表，聆听其他小组的成果汇报，从分析的准确性、表达的规范性等方面记录优缺点。

____

____

3. 小组成员共同查阅评分细则，结合各组代表的汇报表现，完成组间互评并说明理由，填入表 1-1-15 中，根据各方反馈意见进一步修改完善。

表 1-1-15 评价项目 3：个人形象照图片分析记录评分表

评价项目	评价标准	组间互评（30%）						教师评价（70%）	说明
1. 色调颜色分析（共2分）	（1）曝光问题判断准确，得1分								
	（2）偏色问题判断准确，得1分								
2. 瑕疵类型位置分析（共2分）	（1）瑕疵类型辨别准确，共1分								
	（2）瑕疵位置查找全面，得1分								
3. 人物轮廓比例分析（共1分）	面部、形体比例轮廓分析准确，得1分								
合计得分（共5分）									
最终得分（组间互评 30%+ 教师评价 70%）									
互评人签字：					教师签字：				

4. 总结个人形象照修饰任务中素材图片的问题查找、分析过程，完成个人形象照图片素材分析思维导图的绘制，如图 1-1-5 所示。

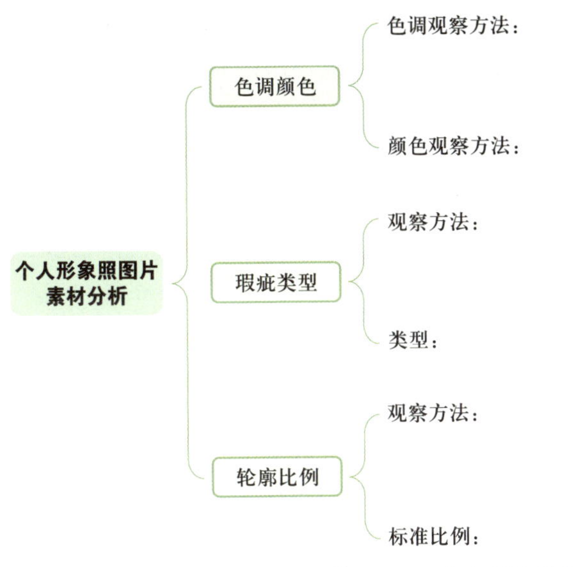

图 1-1-5　个人形象照图片素材分析思维导图

学习环节二 制订计划

学习目标

1. 能采用小组合作的方式，梳理个人形象照修饰关键步骤，绘制流程图，具备信息处理能力。

2. 能采用小组合作的方式，检查图片的色调、颜色，构思用以校正整体画面的工具；根据瑕疵缺陷类型、面积，列出瑕疵修复工具、皮肤精修工具；根据人像五官、形体细节问题，构思对应的比例优化工具；根据原有形象照成片的风格色调，判断色调调整方向，构思风格化调色方案；梳理个人形象照图片修饰方案，确保图片处理思路清晰、严谨，能满足客户个性化需求，方案可执行，具备信息处理能力。

建议学时

4 学时

学习要求

序号	学习步骤	学习内容	学时	备注
1	梳理个人形象照修饰流程	**实践知识：** 个人形象照图片修饰工作流程的制定 **理论知识：** 个人形象照的后期处理流程 **能力素养：** 信息处理能力	2	
2	制定个人形象照修饰方案	**实践知识：** （1）整体调整方式、工具的列举 （2）瑕疵修复、皮肤精修方式，工具的列举 （3）五官、形体优化方式，工具的列举	2	

续表

序号	学习步骤	学习内容	学时	备注
2	制定个人形象照修饰方案	（4）风格化调色方式、工具的列举 **理论知识：** （1）瑕疵修复、皮肤精修的常用方法和工具 （2）比例优化的常用方法和工具 （3）风格化调色的常用方法和工具 **能力素养：** 信息处理能力		

一、梳理个人形象照修饰流程

（一）整理个人形象照修饰的关键步骤

1. 观看个人形象照修饰实践过程视频，记录个人形象照修饰的关键步骤，完成下列题目。

（1）个人形象照后期修饰的流程基本是先整体再细节，然后再到整体最终完善。将图片成功导入 Adobe Photoshop 软件后，首先要完成（　　）环节。【单选题】

A. 画面整体校正　　B. 层次调整

C. 风格化调色　　D. 瑕疵去除

（2）在下列选项中，属于个人形象照后期修饰的流程中瑕疵修复的是（　　）环节。【单选题】

A. 光影重塑　　B. 画面整体校正

C. 皮肤精修　　D. 去除雀斑

2. 以小组为单位，讨论个人形象照修饰关键步骤的工作内容，并进行连线匹配。

工作步骤	工作内容
瑕疵修复	导图定调，用于画面整体校正
皮肤精修	调整图像中的色相、饱和度和明度
比例优化	打造质感美肤，提升质感，塑造皮肤纹理
风格化调色	服装、发型、五官、形体等元素的修饰与美化
整体校正	去除画面污点，面部瑕疵

（二）梳理个人形象照修饰流程并修改完善

1. 针对“个人形象照图片分析记录表”中的问题分析，采用小组合作的方式，共同梳理工作流程，将工作步骤对应的编号填入图 1-2-1 的横线上，并简要说明每个步骤的工作内容。

A. 整体校正　　B. 瑕疵修复　　C. 皮肤精修　　D. 比例优化

E. 风格化调色　　F. 检查初稿　　G. 输出终稿并交付　　H. 文件归档

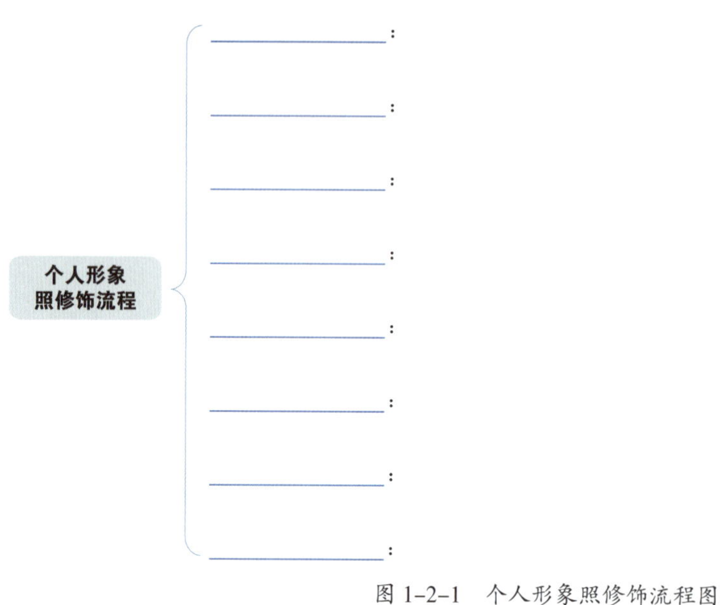

图 1-2-1 个人形象照修饰流程图

2. 各组选派代表展示“个人形象照修饰流程图”，听取各组汇报，记录反馈意见并修改完善。

____

____

二、制定个人形象照修饰方案

（一）讨论图片问题的解决方法，列举用以校正整体画面的工具

1. 查阅信息页中画面整体校正的相关资料，梳理画面整体校正的常用方法和工具。

（1）可以用 Camera Raw 校正整体画面的（　　）。【多选题】

A. 白平衡　　B. 色温

C. 色调　　D. 曝光

E. 对比度

（2）色彩平衡是根据颜色之间的（　　）关系进行调整的，要减少某个颜色就增加这种颜色的补色。【单选题】

A. 互补　　B. 同类

C. 相近　　D. 对比

2. 根据“个人形象照图片分析记录表”中的整体画面效果分析结果，列举用以校正个人形象照整体画面关系的工具，记录在表 1-2-1 中。

表 1-2-1　　画面整体校正修饰方式和工具

整体校正内容	修饰方式方法	修饰工具
例：白平衡	调整色温色调	Camera Raw

（二）构思瑕疵修复方式，列举瑕疵修复工具、皮肤精修工具

1. 观看瑕疵修复的微课视频，梳理能够修复不同瑕疵的工具，根据“个人形象照图片分析记录表”中的瑕疵缺陷特征分析，列举对应的修复工具。

（1）了解瑕疵的类型，分析不同瑕疵应分别使用哪种修复工具。

1）在 Adobe Photoshop 中可以使用（　　）工具修复雀斑。【多选题】

A. 污点修复　　B. 修复画笔　　C. 修补　　D. 仿制图章

2）修复眼袋等面积较大的瑕疵时，可以使用（　　）等工具。【多选题】

A. 仿制图章　　B. 修补　　C. 修复画笔　　D. 污点修复画笔

（2）通过小组讨论的方式，对瑕疵的不同特征进行分类，汇总不同特征瑕疵所在的位置，列举用以修饰不同特征瑕疵的工具及应用位置，填入表 1-2-2 中。

表 1-2-2　　画面瑕疵修复方式和工具

类别	瑕疵特征	可用修复方式	可用修复工具	应用位置
	□大面积　□小面积 □连续　□不连续	□单次　□逐个多次 □连续修复		
	□大面积　□小面积 □连续　□不连续	□单次　□逐个多次 □连续修复		
	□大面积　□小面积 □连续　□不连续	□单次　□逐个多次 □连续修复		
	□大面积　□小面积 □连续　□不连续	□单次　□逐个多次 □连续修复		

2. 观看高保真磨皮的微课视频，梳理常用的皮肤精修方式，列举可用的高保真磨皮方式和工具。

（1）学习高保真磨皮的含义和特征，梳理常用的皮肤精修方式。

1）磨皮就是让皮肤变得光滑，不需要保留细节。（　　）【判断题】

2）在使用高低频磨皮时，用到的修饰工具是（　　）。【单选题】

A. 高反差保留　　B. 高斯模糊　　C. 应用图像　　D. 智能锐化

（2）将微课视频中运用的皮肤精修方式、流程进行梳理，搜集网络资料进行补充，记录商业精修常用的皮肤磨皮方式、工具和流程，完成磨皮方式、工具和流程思维导图的绘制，如图 1–2–2 所示。

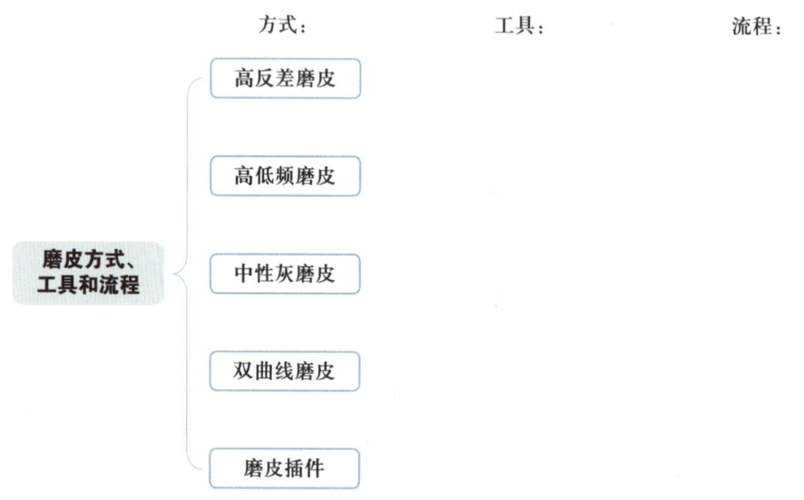

图 1–2–2　磨皮方式、工具和流程思维导图

（3）根据表 1–1–12 中各素材图片存在的皮肤状态和问题，列举不同素材可用的高保真磨皮的方式、工具和流程，填入表 1–2–3 中。

表 1–2–3　　个人形象照高保真磨皮的方式、工具和流程

应用素材	方式	工具	流程
	例：高反差保留	滤镜：高斯模糊、高反差保留	去瑕疵→高斯模糊→高反差保留

续表

应用素材	方式	工具	流程

（三）构思比例优化方式，讨论调整的位置和方法

1. 查阅信息页中的个人形象照五官修饰的相关资料，提炼比例优化的常用方法和工具。

（1）观看企业专家视频中对人物面部五官和形体修饰部分，对人物进行瘦脸操作，使用了（　　）工具，该工具是对（□整体 / □局部）的修饰。【单选题】

A. 液化　　　　B. 透视变形

C. 扭曲　　　　D. 自由变换

（2）对人物进行瘦脸、瘦身等处理时，需要采用液化工具中的（　　）工具。【单选题】

A. 向前变形　　　　B. 重建

C. 褶皱　　　　D. 膨胀

2. 根据个人形象照素材图片的脸型、五官、头发、形体结构等比例问题，采用小组讨论的方式，列举调整个人形象照比例优化的位置、流程和工具，填入表 1-2-4 中。

表 1-2-4　　个人形象照比例优化的位置、流程和工具

应用素材	位置	流程	工具
	例：头发外轮廓	对头顶高度、圆润度进行调整	液化 / 向前变形

（四）构思风格化调色方向，列举色彩调整工具

1. 了解个人形象照后期处理风格化调色的方法，梳理常用风格化调色的方式和工具。

采用小组讨论的方式，列举个人形象照后期处理风格化调色的常用方法和工具，明确不同工具调整的色彩属性及功能。

1）在下列选项中，不能用来调整亮度 / 对比度的是（　　）。【单选题】

A. 曲线　　B. 亮度 / 对比度　　C. 色相 / 饱和度　　D. 色阶

2）在下列选项中，能将画面中的红色色相调整为洋红色相的是（　　）。【单选题】

A. 曲线　　B. 亮度 / 对比度　　C. 色相 / 饱和度　　D. 色阶

3）在下列选项中，常用来校正偏色的是（　　）。【单选题】

A. 曲线　　B. 色彩平衡　　C. 亮度 / 对比度　　D. 色阶

4）将下列调色工具与对应的调色方式用线连接起来。

调色工具	调色方式
曲线	控制整个画面的明亮程度和颜色对比强度
亮度 / 对比度	调整图像特定颜色的三属性，也可以调整所有颜色
色相 / 饱和度	更改图像的总体颜色混合
色彩平衡	用直方图记录整张图像的明暗程度
色阶	调整黑白灰的明暗层次

2. 对照“原有形象照成片的风格色调特征分析表”中服饰、妆容、主色、辅助色等色调特征的分析，小组讨论现有素材图片的色彩风格，列举调整个人形象照风格化调色的位置、方式和工具，填入表 1-2-5 中。

表 1-2-5　　个人形象照风格化调色的位置、方式和工具

应用素材	位置	方式	工具
	例：嘴唇	选取嘴唇局部调色	曲线、色彩平衡、色相 / 饱和度

续表

应用素材	位置	方式	工具

（五）分析个人形象照的修饰方案

1. 小组共同梳理个人形象照的修饰方案，填入表 1–2–6 中。

表 1–2–6　　个人形象照的修饰方案

应用素材	类型	整体校正	瑕疵修复	皮肤精修	比例优化	风格化调色
	位置	例：曝光				
	方法	降低曝光度				
	工具	Camera Raw				
	位置					
	方法					
	工具					

续表

应用素材	类型	整体校正	瑕疵修复	皮肤精修	比例优化	风格化调色
	位置					
	方法					
	工具					
	位置					
	方法					
	工具					

2. 选择代表展示本组的修饰方案，说明个人形象照的修饰流程、修饰方式、修饰工具，聆听其他小组的成果汇报，记录优点并提出建议。

____

____

3. 小组成员共同查阅信息页中的评分细则，结合各组的汇报表现，完成组间互评并说明理由，填入表 1-2-7 中，根据各方反馈意见进一步修改完善。

表 1-2-7　　评价项目 4：个人形象照的修饰方案评分表

评价项目	评价标准	组间互评（30%）						教师评价（70%）	说明
1. 整体校正方案（共 2 分）	（1）曝光、偏色校正工具与图片存在的问题匹配度高，得 1 分								
	（2）应用位置合理，得 1 分								
2. 瑕疵修复方案（共 2 分）	（1）所选痘印、黑眼圈等瑕疵修复方式、工具与图片存在的问题匹配度高，得 1 分								
	（2）应用位置合理，得 1 分								

续表

评价项目	评价标准	组间互评（30%）						教师评价（70%）	说明
3. 皮肤精修方案（共2分）	（1）皮肤质感塑造方式合理，得1分								
	（2）所选皮肤精修工具与皮肤存在的问题匹配度高，得1分								
4. 五官、形体比例优化方案（共2分）	（1）所选五官、形体比例优化方式、工具与轮廓比例分析匹配度高，得1分								
	（2）应用位置符合个性化需求，得1分								
5. 风格化调色方案（共2分）	（1）所选风格化调色方式、工具与原有形象照成片匹配度高，得1分								
	（2）调色位置合理，得1分								
合计得分（共10分）									
最终得分（组间互评30%+教师评价70%）									
互评人签字：			教师签字：						

学习环节三 做出决策

学习目标

1. 能通过小组合作的方式查阅资料，明确个人形象照修饰应遵循的规范和准则，归纳总结不同修饰方式和工具的使用场景及特征，对比分析其优缺点，选定个人形象照风格修饰策略，确保选定的方式、工具较好匹配个人形象照存在的问题。

2. 能采用小组汇报的方式，展示并说明个人形象照的修饰策略，认真听取、准确记录反馈意见，进行调整优化和总结反思。

建议学时

4 学时

学习要求

序号	学习步骤	学习内容	学时	备注
1	分析方案的可行性	**实践知识：** 不同修饰方式、工具的对比分析与选定 **理论知识：** （1）《中华人民共和国民法典》第四编第四章中关于肖像权的规定 （2）整体校正、瑕疵修复、皮肤精修、比例优化、风格化调色等工具的适用场景及优缺点 **能力素养：** 信息处理能力	3	
2	选定个人形象照的修饰策略	**实践知识：** 个人形象照图片修饰策略的展示汇报 **能力素养：** 与人沟通的能力	1	

一、分析方案的可行性

（一）明确个人形象照修饰任务应遵循的法律法规和行为规范

查阅关于肖像权的相关法律规定，分析个人形象照修饰过程中应遵循的行为规范和准则。

1. 在下列选项中，属于侵犯肖像权行为的是（　　）。【多选题】

A. 未经本人同意以营利为目的使用他人肖像

B. 恶意丑化、污损他人肖像

C. 擅自制作他人肖像（尤其是具有商业价值的肖像制品）

D. 超出约定范围使用他人肖像

2. 阅读案例，指出案例中存在的违法行为并说明如何整改。

2023 年 9 月 7 日，某甜品店公司在短视频平台上偶然刷到徐某正在品尝蛋糕的生活照片，该公司在未经徐某授权的情况下，私自将徐某的肖像照进行后期处理后做成该店广告宣传页，在甜品店门口张贴。

甜品店的违法行为：________________________________

甜品店应如何整改：________________________________

（二）对比分析不同修饰方式、工具的优缺点

1. 查阅信息页中个人形象照瑕疵修复类工具对比分析的相关资料，梳理并归纳“个人形象照的修饰方案”中瑕疵修复环节所用到的工具，对比分析修复方式、工具的优缺点，完成以下问题。

（1）图 1-3-1 中红框处眼角纹瑕疵可使用（　　）方法进行处理，再用（　　）工具进行处理；绿色方框处痦子的去除可使用（　　）方法进行处理，直接在瑕疵处以（　　）工具进行处理。【单选题】

A. 多次连续单击　　B. 单击一次　　C. 污点修复　　D. 修复画笔

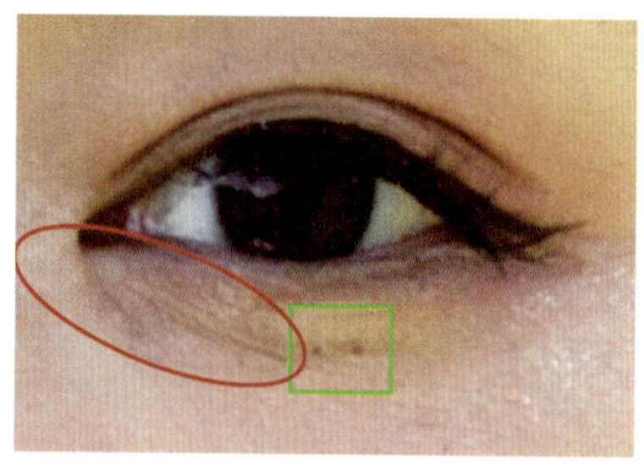

图 1-3-1　瑕疵修复案例示意图

（2）根据前面题目的分析，梳理瑕疵修复环节中所用到的工具，对比分析并归纳其优缺点，填入表 1-3-1 中。

表 1-3-1 瑕疵修复方式、工具对比分析

修饰流程	修饰方式	修饰工具	适用场景	优点	缺点	是否选用
瑕疵修复	例：逐一多次	污点修复画笔工具	背景污点，面部的痘印、痣子	精准快速	需要多次重复	☑是 □否
						□是 □否
						□是 □否
						□是 □否

2. 查阅信息页中个人形象照皮肤精修工具对比分析的相关资料，梳理并归纳“个人形象照的修饰方案”中皮肤精修环节所用到的工具，对比分析修饰方式、工具的优缺点，完成以下问题。

（1）在高反差保留磨皮中，通过（　　）提取皮肤纹理细节，再配合（　　）工具进行平滑皮肤。【单选题】

A. 高反差保留　　B. 反向　　C. 高斯模糊

（2）高低频磨皮将皮肤的纹理与颜色分离，皮肤纹理信息存储在（　　）图层中，皮肤颜色的信息储存在（　　）的图层中。【单选题】

A. 高频　　B. 低频

（3）（　　）适合修饰大部分图片，方便快捷，皮肤的纹理和质感一般；（　　）适合修饰要求较高的脸部皮肤质感图，能最大化地保留脸部皮肤质感，但在最终光影塑造方面欠佳。【单选题】

A. 高反差保留　　B. 高低频

（4）根据以上题目的分析，梳理皮肤精修环节中使用的工具，对比分析并归纳其优缺点，填入表 1-3-2 中。

表 1-3-2 皮肤精修方式、工具对比分析

修饰流程	修饰方式	修饰工具	适用场景	优点	缺点	是否选用
皮肤精修	例：高反差	高反差保留	既光滑又有质感的皮肤	方便快捷	质感一般	☑是 □否
						□是 □否

续表

修饰流程	修饰方式	修饰工具	适用场景	优点	缺点	是否选用
皮肤精修						□是 □否
						□是 □否

3. 查阅信息页中个人形象照比例优化工具对比分析的相关资料，梳理并归纳“个人形象照的修饰方案”中脸型、五官、头发、形体等轮廓优化所用到的工具，对比分析不同修饰方式、工具的优缺点，完成以下问题。

（1）液化工具、自由变换工具和选区工具中的旋转缩放都可以对五官形体轮廓进行优化调整，根据下面的提示内容，将正确的选项填写在对应的位置。**【多选题】**

1）使用液化工具的优点是（　　），缺点是（　　）。

2）使用自由变换工具的优点是（　　），缺点是（　　）。

3）使用选区工具的优点是（　　），缺点是（　　）。

A. 参数的把控要求高　B. 简便易操作　C. 适用于美颜场景

D. 过渡不自然　E. 效果更为精准　F. 可用组合键 Ctrl+T 调用

G. 适用于人物背景处的简单细节　H. 不精准

（2）根据前面题目的分析，梳理五官形体轮廓优化环节中所用到工具，对比分析并归纳不同修饰方式、工具的优缺点，填入表 1-3-3 中。

表 1-3-3　比例优化方式、工具对比分析

修饰流程	修饰方式	修饰工具	适用场景	优点	缺点	是否选用
五官形体轮廓优化	例：局部调整	液化	修身塑形	精准	绘制、比例把控难度高	☑是 □否
						□是 □否
						□是 □否
						□是 □否

4. 查阅信息页中个人形象照风格化调色工具对比分析的相关资料，梳理并归纳“个人形象照的修饰方案”中风格化调色环节所用到的工具，对比分析不同修饰方式、工具的优缺点，完成以下问题。

（1）人像图片存在偏色问题时，可选用（　　）工具进行处理；人像图片需要调整为法式复古风格时，画面较为浓郁，需将对比度调高，可选用（　　）工具进行处理；人像图片需调整为古风工笔画效果时，需将饱和度调低，可选用（　　）工具进行处理。**【多选题】**

A. 曲线　　B. 亮度 / 对比度　　C. 色相 / 饱和度

D. 色彩平衡　　E. 色阶

（2）将各类校色工具与和其对应的调整细节时的特点进行连线匹配。

工具	特点
曲线	可调整整体亮度、对比度，但局部改善一般
亮度 / 对比度	可调整整体亮度、对比度，对色相无效
色相 / 饱和度	可调整色相、饱和度，对明度无效
色彩平衡	适合修复偏色、风格化调色，参数较为烦琐
色阶	区域式调整明暗层次，灵活性受限制

（3）根据前面题目的分析，梳理风格化调色环节中所用到的工具，对比分析并归纳不同修饰方式、工具的优缺点，填入表 1-3-4 中。

表 1-3-4　风格化调色工具对比分析

修饰流程	修饰方式	修饰工具	适用场景	优点	缺点	是否选用
风格化调色	□局部 ☑整体	例：曲线	调整影调层次	点对点调整每个像素亮度、对比度	局部改善一般	☑是 □否
	□局部 □整体					□是 □否
	□局部 □整体					□是 □否
	□局部 □整体					□是 □否
	□局部 □整体					□是 □否

二、选定个人形象照的修饰策略

（一）分析个人形象照的修饰策略是否为最优

小组选派代表展示个人形象照的修饰策略，并说明理由。根据教师和其他小组提出的问题，记录反馈意见，并优化完善修饰策略。

____

____

（二）完善个人形象照的修饰策略并形成定稿

1. 根据组内讨论确定的个人形象修饰策略选定的修饰方式、工具，梳理修饰流程、方式、工具及选用理由，填入表 1–3–5 中。

表 1–3–5　　个人形象照的修饰方式和工具决策

序号	流程	方式	工具	选用理由
1	整体校正	例：校准白平衡	Camera Raw	在导图定档阶段全局调整
2	瑕疵修复			
3	皮肤精修			
4	比例优化			
5	风格化调色			

2. 小组成员共同查阅信息页中的评分细则，结合各组的汇报表现，完成组间互评，填入表 1–3–6 中。

表 1-3-6 评价项目 5：个人形象照的修饰方式和工具决策评分表

评价项目	评价标准	组间互评（30%）						教师评价（70%）	说明
1. 最优整体校正流程、工具的决策（共 2 分）	（1）曝光、偏色处理流程，工具选择为本方案中最优，得 1 分								
	（2）校正流程、工具决策依据充分、表述准确，得 1 分								
2. 最优瑕疵修复流程、工具的决策（共 2 分）	（1）瑕疵修复流程、工具选择为本方案中最优，得 1 分								
	（2）修复流程、工具决策依据充分、表述准确，得 1 分								
3. 最优皮肤精修流程、工具的决策（共 2 分）	（1）皮肤精修流程、工具选择为本方案中最优，得 1 分								
	（2）皮肤精修流程、工具决策依据充分、表述准确，得 1 分								
4. 最优细节优化方式、工具的决策（共 2 分）	（1）五官、形体等细节优化方式，工具选择与设计方案匹配度高，得 1 分								
	（2）优化方式、工具决策依据充分、表述准确，得 1 分								
5. 最优风格化调色方式、工具的决策（共 2 分）	（1）风格色调调整方式、工具选择与设计方案匹配度高，得 1 分								
	（2）优化方式、工具决策依据充分、表述准确，得 1 分								
合计得分（共 10 分）									
最终得分（组间互评 30%+ 教师评价 70%）									
互评人签字：				教师签字：					

学习环节四 实施计划

学习目标

1. 能采用独立工作的方式，依据个人形象照的修饰策略，使用 Adobe Photoshop 软件中 Camera Raw 等整体调整工具调整图片的全局信息，实时观察整体画面的校正程度，确保图片色调、颜色正常，具有数字技术应用能力。

2. 能采用独立工作的方式，使用污点修复画笔、仿制图章等工具，选择和切换仿制图章工具的组源和目标采样点，调整修复画笔工具的笔刷大小、硬度、间距及模式，去除图片背景污点，人物面部的痘印、痦子，修复眼角鱼尾纹、眼袋、服饰等瑕疵，确保原始图像的瑕疵修复有效、全面完整，且不失真。

3. 能采用独立工作的方式，根据皮肤精修策略，使用高斯模糊、高反差保留、曲线等工具平滑整体皮肤、保留纹理细节、调整皮肤不同区域的明暗关系，把控磨皮程度，确保皮肤干净通透有层次。

4. 能采用独立工作的方式，根据比例优化策略，使用液化工具组设置合适的画笔大小、压力强度、平滑度等参数，对五官、发型、面部轮廓、形体比例等细节进行优化处理，确保人物主体美观而不失真，符合培训讲师形象要求。

5. 能采用独立工作的方式，根据风格化调色策略，使用曲线、亮度 / 对比度、色彩平衡等工具进行画面色调、色温的调整，实时观察调色效果与程度，确保画面颜色和谐，色调统一，符合原有形象照成片的整体风格。

建议学时

26 学时

学习要求

序号	学习步骤	学习内容	学时	备注
1	校正整体画面	**实践知识：** （1）Camera Raw 等整体调整工具的使用 （2）直方图的实时观察 （3）曝光度的调整 （4）白平衡的校准 **理论知识：** 全局画面的校正方法和操作要点 **能力素养：** 数字技术应用能力	2	
2	修复瑕疵	**实践知识：** （1）污点修复画笔、仿制图章、修复画笔、修补等工具的使用 （2）污点修复画笔等工具参数的选择 （3）仿制图章工具组源和目标采样点的选择和切换 **理论知识：** （1）图层的概念、种类、属性、特点 （2）选区的概念和创建方法 （3）污点修复画笔、仿制图章、修复画笔、修补等工具的使用方法和参数调整技巧 （4）瑕疵修复使用的工具和关键技术	6	
3	精修皮肤	**实践知识：** （1）高反差保留、高斯模糊、曲线、蒙版等磨皮工具的使用 （2）皮肤纹理细节保留程度的把控 （3）皮肤不同区域明暗关系的调整 （4）磨皮程度的控制 （5）录屏软件的使用 **理论知识：** （1）蒙版的概念、分类和作用 （2）高保真磨皮的操作方法和技术要点 （3）“高低频”磨皮方式 （4）“中性灰”磨皮方式 （5）操作要点视频的录制要求 **能力素养：** 数字技术应用能力	6	
4	优化比例	**实践知识：** （1）液化工具的使用	6	

续表

序号	学习步骤	学习内容	学时	备注
4	优化比例	（2）对液化画笔大小压力强度、平滑度等参数的把控 （3）对脸型、五官、头发、形体等造型比例的优化 （4）对细节修饰美化程度的把控 **理论知识：** （1）液化工具的属性、功能 （2）比例优化的技术要点和注意事项 **能力素养：** 劳动精神		
5	风格化调色	**实践知识：** （1）色相 / 饱和度、亮度 / 对比度、色彩平衡等调色工具的使用 （2）调色效果的观察与程度的把控 （3）图片全局色调色温的整体把控 **理论知识：** （1）风格化调色的作用和技巧 （2）不同风格个人形象照的风格化调色方法	6	

一、校正整体画面

（一）整理画面校正工具的使用

观看认识 Camera Raw 工具微课视频，记录 Camera Raw 工具的属性、功能、参数设置方法。

1. 观察表 1–4–1 中的图片，从画面整体亮度分析人物面部细节信息丢失的情况，将表格补充完整。

表 1–4–1　　画面整体校正分析

校正内容	图 A	图 B	图 C	图 D
图片				
问题	□无 □色温 □色调 □曝光度	□无 □色温 □色调 □曝光度	□无 □色温 □色调 □曝光度	□无 □色温 □色调 □曝光度
调整属性及分析				

2. 对比图 1–4–1 中两幅图的背景色和肤色，将蓝色背景由图 1–4–1a 变为图 1–4–1b，可以使用____________工具进行调整。在对图片进行色彩调整的过程中，减少黄色比例，向（□左 / □右）移动蓝色滑块，色温的参数值约为______，色调的参数值约为______。

a）

b）

图 1–4–1 画面整体校正分析

a）画面整体校正案例 1 b）画面整体校正案例 2

（二）校正整体画面，实时观察校正准确度

1. 回顾个人形象照曝光、偏色的校正要求，梳理整体校正工具的使用技巧和注意事项，填入表 1–4–2 中。

表 1–4–2 校正要求、工具的使用技巧及注意事项

校正内容	校正要求	校正工具	使用技巧及注意事项
白平衡	例：色温色调正确	Camera Raw 基本选项卡 – 白平衡 / 色温 / 色调	先使用自动白平衡进行初步调整，然后根据需要手动微调色温和色调
曝光			
偏色			

2. 根据表 1–1–14 中的问题分析，独立对图片素材进行全局调整，观察直方图信息，校准色调、颜色，实时观察整体画面的校正程度，确保校正效果适中，将参数设置的数值或范围记录在表 1–4–3 中，实时观察调整效果，写出参数数值确定的依据。

表 1-4-3　　整体调整操作记录

使用工具	调整属性及参数设置范围记录				数值确定的依据
例：Camera Raw 白平衡	色温 0 色调 0	色温 -6 色调 -4	色温 -7 色调 +16	色温 -14 色调 -17	直方图中性灰色区域校正

想一想

除了使用 Camera Raw 工具还可以使用哪些工具校正色温、色调？如何确定这些工具的参数？

（三）检查校正效果并修改完善

1. 组内展示整体画面校正效果，说明校正方法和操作要点，记录修改意见，根据反馈进行优化完善。

____

____

2. 总结个人形象照校正白平衡、曝光和偏色问题的要求、关键技术和操作要点，完成个人形象照整体校正技术要点思维导图的绘制，如图 1-4-2 所示。

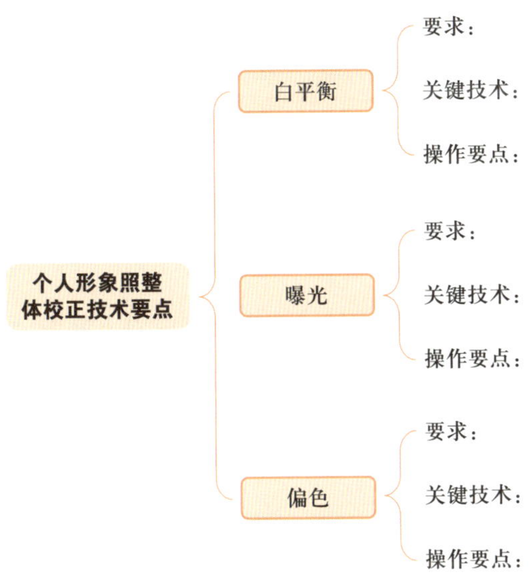

图 1-4-2 个人形象照整体校正技术要点思维导图

3. 查阅信息页中的评分细则，明确评价标准，结合自身表现及各组代表的汇报，完成组间互评并说明理由，记录在表 1-4-4 中，根据各方反馈意见进一步优化完善。

表 1-4-4 评价项目 6：个人形象照整体校正评分表

评价项目	评价标准	组间互评（30%）						教师评价（70%）	说明
1. 白平衡的校正（共 4 分）	（1）色温调至正常，得 2 分								
	（2）色调调至正常，得 2 分								
2. 曝光度的校正（共 4 分）	（1）曝光度调整准确，得 2 分								
	（2）消除图片画面暗角区域，得 2 分								

续表

评价项目	评价标准	组间互评（30%）						教师评价（70%）	说明
3. 偏色的校正（共2分）	颜色调整至正常，得2分								
合计得分（共10分）									
最终得分（组间互评30%+教师评价70%）									
互评人签字：			教师签字：						

二、修复瑕疵

（一）总结瑕疵修复工具的使用方法

1. 查阅信息页中图层、选区创建方法的相关资料，记录图层的概念、种类、属性等，整理选区的概念和创建方法。

（1）根据图层的概念、种类、属性等相关知识，理解图层的原理和功能，完成以下问题。

1）以下关于图层的描述中，正确的是（　　）。【多选题】

A. 任何一个图像图层都可以转换为背景层

B. 图层透明的部分是有像素的

C. 图层透明的部分是没有像素的

D. 背景层可以转化为普通的图像图层

2）在利用 Adobe Photoshop 软件进行创作时，图层面板如图 1-4-3 所示，图像的显示效果为（　　）。【单选题】

图 1-4-3　图层面板

A. 

B. 

C. 

D. 

3）在 Adobe Photoshop 软件中，常见的图层类型有普通图层、背景图层、文字图层、调整图层、效果图层、图形层、图层组、图层蒙版等，在图 1-4-4 中标出对应的图层类型。

图 1-4-4　图层类型标注示意图

4）在下列选项中，对复制图层叙述正确的是（　　）。【多选题】

A. 组合键 Ctrl+J 的功能是复制图层

B. 鼠标选中图层后拖拽到新建图层上可复制图层

C. 按住 Alt 键，选中图层并进行拖拽可复制图层

D. 利用图层菜单中的“复制图层”，可以修改复制图层的名称，将其复制到目标文档中

5）以下关于背景层的描述中正确的是（　　）。【多选题】

A. 在图层面板上，背景层是不能上下移动的，只能作为最下面的一层

B. 背景层可以设置图层蒙版

C. 背景层不能转换为其他类型的图层

D. 背景层不能执行滤镜效果

（2）整理选区的概念和创建方法，练习选区的基础操作，完成以下题目。

1）在 Adobe Photoshop 软件中可以创建选区的工具有哪些？

____

____

2）用于取消选区的组合键是（　　）。【单选题】

A. Ctrl+A　　B. Ctrl+B　　C. Ctrl+C　　D. Ctrl+D

3）要让选区边缘过渡柔和，需要对选区进行________，组合键是______________。

2. 梳理不同瑕疵修复工具的功能和属性参数，记录污点修复、仿制图章、修复画笔、修补等工具的使用方法和属性调整技巧，完成以下题目。

（1）使用仿制图章工具时，需按住________键的同时单击鼠标左键，在需要修复污点位置的周围进行取样。

（2）（　　）工具可将待修改位置改成与图中其他指定位置相同的图案，多用于大面积的修改；（　　）工具与涂抹工具的效果类似，可将污点抹去，多用于去除斑点；（　　）工具可修改局部的小部分缺陷，多用于线状或不规则的位置；（　　）工具可将需修改的一片区域直接更改为图中的干净区域，多用于比较孤立的部分。【单选题】

A. 仿制图章　　B. 污点修复画笔

C. 修复画笔　　D. 修补

（3）对比分析不同的修饰工具使用方法，梳理各工具实现的属性功能，填入表 1-4-5 中。

表 1-4-5　不同修饰工具的使用方法及属性功能梳理

类别	使用方法	属性功能
污点修复画笔工具	例：选择合适笔触大小，对污点区域进行涂抹	模式：图层混合模式 类型：内容识别 近似匹配：取笔触周围像素进行填充
修复画笔工具		模式： 源： 样本：
修补工具		模式： 源： 目标：
仿制图章工具		模式： 不透明度： 流量： 压力：

（二）修复瑕疵并自检修改

1. 根据表 1-3-5，使用对应的工具，选择和切换仿制图章工具源和目标采样点，调整修复画笔工具的笔刷大小、硬度、间距、模式，修复人物面部的痘印、痞子、皱纹、眼袋等瑕疵以及背景中大面积瑕疵，将相关信息填写到表 1-4-6 中。

表 1-4-6　　人物主体和背景瑕疵的修复记录

瑕疵类型	使用工具	参数设置范围	注意事项
单个痞子、青春痘	例：污点修复画笔工具	画笔大小约 25 像素	单击鼠标实现修复
成片的雀斑、痘印			
皱纹			
眼袋			
服饰背景污点			

2. 自检瑕疵修复效果，再次修复遗漏和效果较差的瑕疵，将操作中存在的问题和处理方案记录在表 1-4-7 中。

表 1-4-7　　人物主体和背景瑕疵的修复自检表

观察项目	存在的问题	处理方案	是否解决	获取帮助
面部瑕疵的修复			□是 □否	
服饰瑕疵的修复			□是 □否	
背景瑕疵的修复			□是 □否	

（三）检查瑕疵修复效果并完善总结

1. 各组选派代表展示汇报瑕疵修复效果，说明使用的工具、参数的设置和关键的技术，互相提出修改意见，完善修复效果。

____

____

2. 小组共同查阅信息页中的评分细则，完成组间互评并说明理由，填入表 1-4-8 中。

表 1-4-8　　评价项目 7：个人形象照人物主体和背景瑕疵的修复评分表

评价项目	评价标准	组间互评（30%）						教师评价（70%）	说明
1. 参数的设置范围（共 4 分）	（1）笔触大小等工具参数值在合理范围，得 2 分								
	（2）仿制原点选择恰当，得 1 分								
	（3）目标点选择恰当，得 1 分								
2. 瑕疵修复的质量（共 6 分）	（1）边缘处理光滑，得 2 分；效果一般，得 1 分；共 2 分								
	（2）有效去除瑕疵，画面干净，漏一处扣 0.5 分，共 4 分								
合计得分（共 10 分）									
最终得分（组间互评 30%+ 教师评价 70%）									
互评人签字：					教师签字：				

3. 总结瑕疵修复效果和关键技术，反思经验和不足，完成个人形象照瑕疵修复技术要点思维导图的绘制，如图 1-4-5 所示。

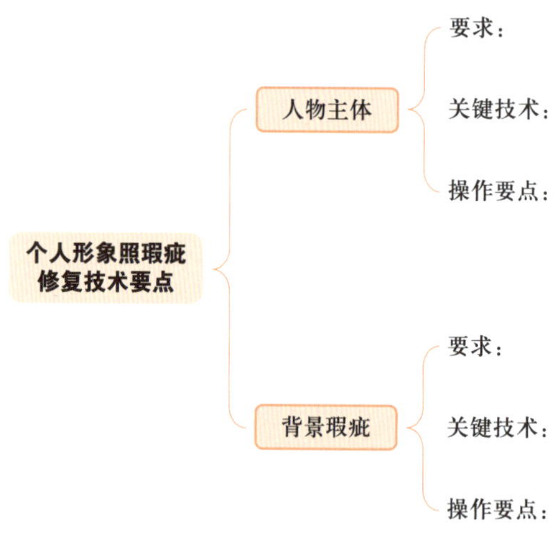

图 1-4-5　个人形象照瑕疵修复技术要点思维导图

三、精修皮肤

（一）梳理提升皮肤质感的方法和技巧

1. 观看提升个人形象照皮肤质感方法的微课视频，记录皮肤精修的关键步骤、磨皮工具的使用技巧。

（1）根据微课视频讲解，查阅信息页中皮肤精修工具的相关资料，梳理表面模糊、高反差保留等工具的属性功能和原理特征。

1）高斯模糊通过模糊图像的细节部分，使其变得柔化和模糊。高斯模糊的半径决定了模糊的程度，半径越大模糊效果越明显。（ ）**【判断题】**

2）观察图 1-4-6 所示的“高反差保留”对话框，高反差保留滤镜常用于锐化、保护纹理、提取线条等个人形象照编辑工作流程中。它的工作原理是只保留显示图像中的________信息（即图像中的细节和边缘区域），而图像的其他部分则用________填充。

（2）查阅信息页中的蒙版的相关资料，了解蒙版的基础知识。

1）Adobe Photoshop 软件中的蒙版主要有四种类型，分别是__________蒙版、__________蒙版、__________蒙版和__________蒙版。人像修饰中大多采用__________蒙版。

2）观察图 1-4-7 中红色框选的蒙版部分，在蒙版中黑色代表____________，对应的图像区域会被隐藏，从而露出下面的图层内容；白色代表____________，当在图层蒙版上使用白色画笔涂抹时，涂抹的区域会显示该图层的内容。

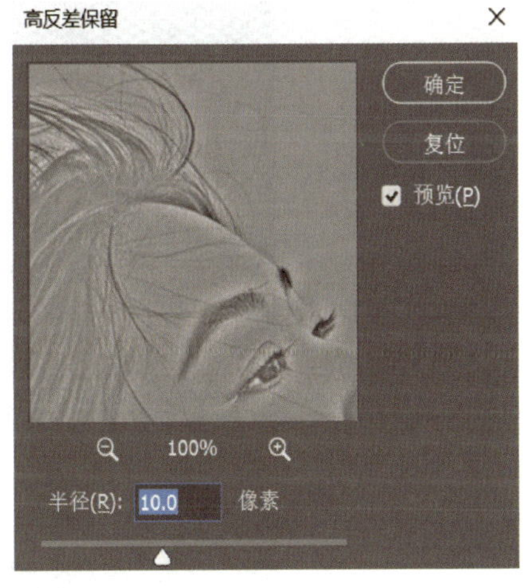

图 1-4-6 “高反差保留”对话框

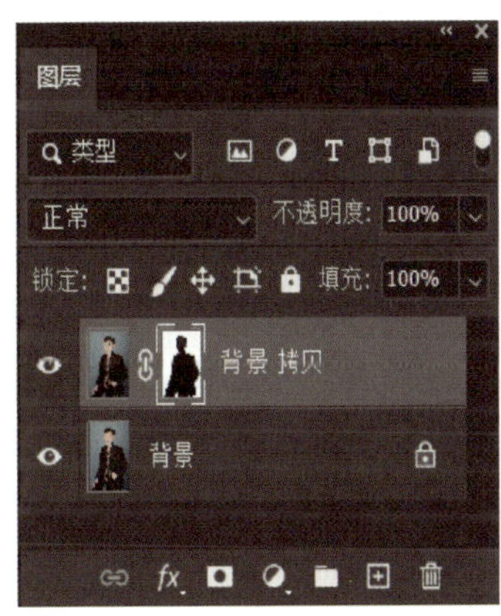

图 1-4-7 蒙版的使用

2. 观看快速磨皮操作演示视频，将提升个人形象照皮肤质感的操作要点填入表 1-4-9 中。

表 1-4-9 提升个人形象照皮肤质感的操作要点

类别	操作要点
磨皮操作	

想一想

在使用蒙版控制磨皮范围、平滑过渡时，如何控制画笔的大小和硬度？

____

____

（二）精修个人形象照皮肤，确保皮肤通透整洁

1. 根据“个人形象照修饰方式和工具决策表”，使用相应的工具修饰整体皮肤，使之更加平滑，并完成以下问题。

（1）盖印修饰瑕疵后的图层，使用的组合键是____________________，为了方便区分不同图层，可以将盖印后的图层命名为“磨皮”。

（2）复制“磨皮”图层并命名为“纹理”，对“纹理”图层进行去色处理，使用的组合键是____________________，可隐藏此图层。

（3）选中“磨皮”图层，转换为智能对象，通过添加____________________滤镜平滑整体皮肤。

2. 使用高反差保留工具保留皮肤纹理细节，借助蒙版命令调整皮肤不同区域的明暗关系，使皮肤干净通透有层次，并完成以下问题。

（1）显示“纹理”图层转换为智能对象，改变图层混合模式为________。

（2）添加____________________滤镜，调整半径值，直到细节展现。在图层样式中勾选混合颜色带，确保锐化范围在中间调。

（3）选择“纹理”图层和“磨皮”图层，进行编组，命名为“磨皮”。对图层组创建____色蒙版，使用____色画笔擦除需要磨皮的区域，如图 1-4-8 所示。

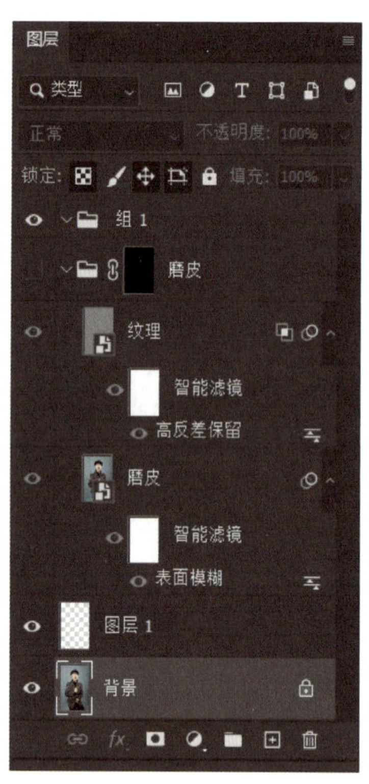

图 1-4-8 高反差保留磨皮

想一想

为什么要将图层转化为智能对象？写出理由。

____

（三）检查皮肤的质感并修改完善

1. 检查皮肤的整洁程度和明暗关系，对过度磨皮和斑块问题进行修正，将调整过程中的数值记录在表 1-4-10 中。

表 1-4-10　　磨皮智能滤镜数值记录表

滤镜	智能滤镜数值					
类别	数值 1	是否选用	数值 2	是否选用	数值 3	是否选用
高斯模糊		□是　□否		□是　□否		□是　□否
高反差保留		□是　□否		□是　□否		□是　□否

2. 组内选出高保真磨皮效果最优的作品，在组内进行展示，说明操作方法、技术要点、参数设置范围，分析优点并提出建议。

____

____

3. 查阅信息页中的评分细则，根据各组汇报情况进行组间互评，填入表 1-4-11 中，根据反馈意见进行修改完善。

表 1-4-11　　评价项目 8：高保真磨皮工具和参数的调整评分表

评价项目	评价标准	组间互评（30%）						教师评价（70%）	说明
1. 皮肤整洁程度（共 4 分）	（1）皮肤干净清透，得 2 分；皮肤无明显瑕疵，得 1 分								
	（2）皮肤质地细腻光滑，得 2 分；皮肤平滑，得 1 分								
2. 皮肤细节信息（共 4 分）	（1）保留适当纹理结构，得 2 分；保留部分纹理结构，得 1 分								
	（2）保留适当毛孔细节，得 2 分；保留部分毛孔细节，得 1 分								
3. 肤色均匀程度（共 2 分）	皮肤肤色均匀自然，得 2 分；皮肤肤色少部分不均匀，得 1 分								
合计得分（共 10 分）									
最终得分（组间互评 30%+ 教师评价 70%）									
互评人签字：				教师签字：					

（四）梳理高阶磨皮方法，完成磨皮处理

1. 观看高阶磨皮方法的操作演示视频，记录操作要点和注意事项。

（1）在高低频磨皮中，(　　)是指图像的细节，如皮肤纹理、毛发、细微的边缘和高对比度区域，(　　)是指图像的光影和颜色。【单选题】

A. 高频　　　B. 低频　　　C. 中频　　　C. 超高频

（2）(　　)可以用低频进行处理，(　　)可以用高频进行处理。【多选题】

A. 肤色和明暗区域的整体平衡　　　B. 色调和颜色过渡的平滑处理

C. 消除或减轻皱纹、瑕疵　　　D. 细节的锐化和清晰度的调整

2. 如图 1-4-9 所示，使用高低频磨皮方式完成拓展训练“商业杂志封面人像磨皮处理”，根据意见进行修改完善，将文件保存至工作文件夹中。

（1）在高低频磨皮处理的过程中，对低频图层添加____________________滤镜，半径大约设置为________。

（2）对高频图层执行________________命令，在弹出的快捷菜单中图层选择__________，混合模式选择__________，缩放值约为__________，补偿值约为__________，将高频图层的混合模式设置为__________。

（3）在高低频磨皮处理的过程中，复制低频图层，在复制图层上添加调整图层__________和__________，然后使用__________画笔调节光影。

（4）在高低频磨皮处理的过程中，可随时预览效果，如果皮肤区域仍有瑕疵，可使用__________在高频图层上进行涂抹。

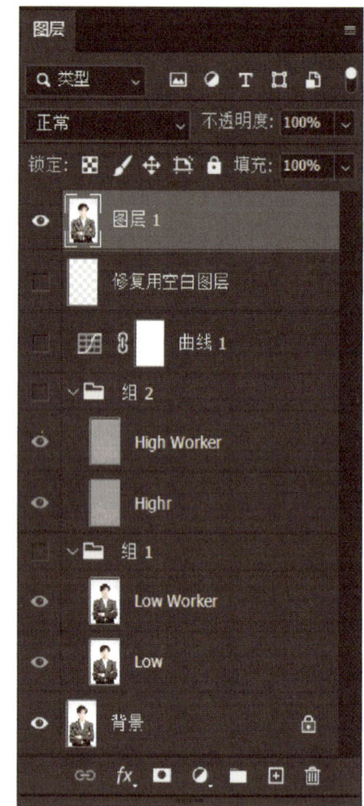

图 1-4-9　高低频磨皮

（五）总结皮肤精修的技术要点

1. 学习录屏软件的使用方法，记录操作要点，填入表 1-4-12 中。

表 1-4-12　　录屏软件的使用方法

类别	操作要点
录屏软件的使用方法	

2. 总结皮肤精修的关键步骤和技术要点，完成高低频磨皮关键步骤和技术要点思维导图，如图 1–4–10 所示，并独立录制个人形象照高低频磨皮操作要点视频。

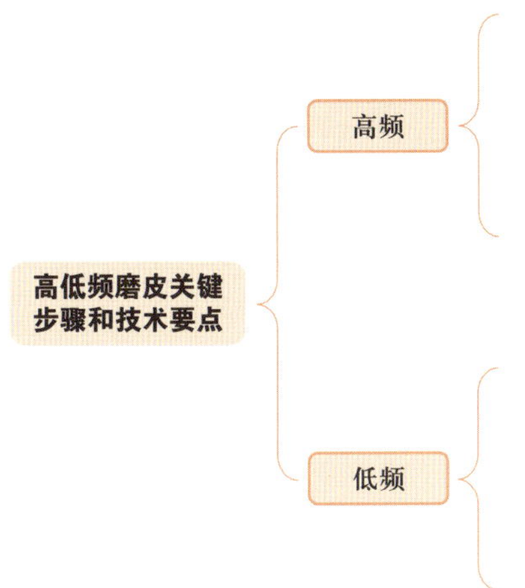

图 1–4–10　高低频磨皮关键步骤和技术要点思维导图

四、优化比例

（一）整理个人形象照比例优化的方法和技巧

1. 观看精雕面部与塑型的微课视频，记录液化工具组的属性、功能、主要操作步骤和参数设置技巧，完成以下问题。

（1）可以通过液化滤镜实现的效果是（　　）【多选题】。

A. 局部放大　　　　B. 局部缩小

C. 整体扭曲变形　　D. 放大眼睛

（2）使用液化工具时，画笔工具选项有四个属性可以调整，如图 1–4–11 所示，将属性与对应的功能进行连线匹配。

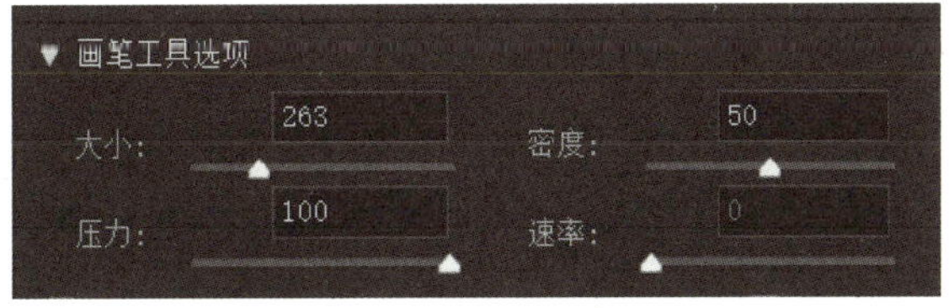

图 1–4–11　画笔工具选项面板

属性	功能
大小	控制画笔的扭曲强度，较小的参数既可减慢更改速度，又可及时停止变形
压力	设置画笔的大小，使用“]”“[”键可放大或缩小画笔
密度	数值越大，应用扭曲的速度越快
速率	控制画笔的边缘强度，类似于画笔工具的硬度

（3）使用向前变形工具推脸颊时，通常先把笔触调（　　），推整体；再将笔触调（　　），调细节。画笔的大小要根据调整部位的不同来决定，（　　）画笔适合整体轮廓的调整，（　　）画笔适合局部的调整，以调整人物面部为例，面部的大轮廓用（　　）画笔调整，五官用（　　）画笔调整。【单选题】

A. 大　　　　B. 小

（4）使用向前变形工具推人物面部轮廓时，如果想让旁边的物体不变形，可以借助（　　）工具进行辅助操作。【单选题】

A. 重建　　　　B. 褶皱　　　　C. 膨胀　　　　D. 冻结蒙版

（5）在进入液化滤镜操作之前，最好先拉出________以比较“横平竖直”，主要用于比较对称的五官（即眉、目、鼻、口、耳）。

（6）除了使用右侧面板“人脸识别液化”中的选项外，还可以使用左侧的“__________”（组合键是______）或“__________”（组合键是______）等工具来进行人物面部的液化处理。

（7）向前变形工具的直径一般要稍______于待液化区域的弧度。

2. 总结比例优化的注意事项，思考如何平衡个性化需求与个人形象照对真实性的要求，将心得记录下来。

____

____

（二）优化个人形象照的脸型、五官、发型、形体等比例

1. 参考人物脸型、五官、发型、形体结构分析的结果，根据“个人形象照修饰方式和工具决策表”，使用相应的工具，设置合适的画笔大小、压力强度、平滑度等参数，对五官、发型、面部轮廓、形体等细节进行优化处理，将精修塑形的操作要点记录到表 1-4-13 中。

表 1-4-13　　精修塑形的操作要点

类别	操作要点
精修塑形	

2. 对比个人形象照图片与比例优化后的效果图，判断美化程度是否在合理的范围内，对过犹不及的修饰进行撤销和重修，做到诚实守信。

你是否撤销了修改？撤销了哪些方面的修改？填写在下面的横线上。

____

____

（三）检查优化程度的合理性并修改完善

1. 组内展示比例优化效果，说明修饰的部位及操作要点，听取小组其他成员的汇报，记录优缺点。

____

____

2. 查阅信息页中的评分细则，根据小组成员的汇报情况进行组间互评，填入表 1-4-14 中，并根据反馈建议进行修改完善。

表 1-4-14　　评价项目 9：比例优化考核项目评分表

评价项目	评价标准	组间互评（30%）						教师评价（70%）	说明
1. 五官精修适度，确保美观而不失真	一般（0 ～ 3 分） 良好（4 ～ 7 分） 优秀（8 ～ 10 分） 注：每项单独评分，合计时取四项的平均值								
2. 面部轮廓修饰适度									
3. 修身塑形适度									
4. 头发、服饰等细节调整适度									
合计得分（共 10 分）									
最终得分（组间互评 30%+ 教师评价 70%）									
互评人签字：				教师签字：					

3. 总结比例优化的技术要点，分析操作过程中遇到的问题，完成个人形象照精修塑形技术要点思维导图的绘制，如图 1-4-12 所示，并独立录制个人形象照比例优化操作要点视频。

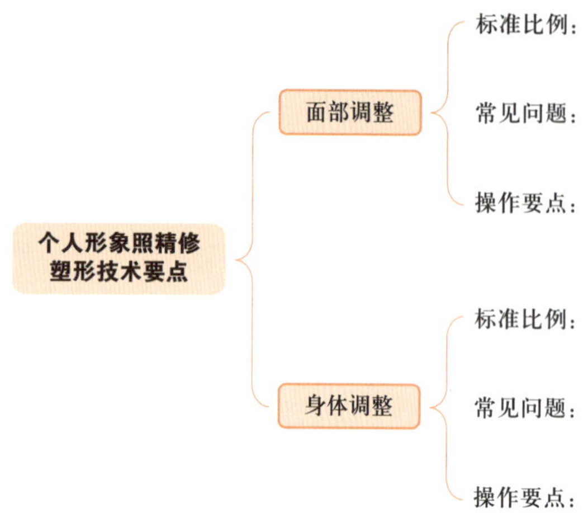

图 1-4-12　个人形象照精修塑形技术要点思维导图

五、风格化调色

（一）梳理个人形象照风格化调色的方法

1. 观看个人形象照的风格化调色的微课视频，记录风格化调色的作用、个人形象照方法，完成以下问题。

（1）个人形象照的风格化调色分析一般从________、________、________三个方面入手。

（2）对个人形象照光线的分析主要是观察（　　）。【单选题】

A. 饱和度　　B. 对比度　　C. 曝光　　D. 色相

（3）（　　）属于色彩的分析范围。【多选题】

A. 饱和度　　B. 对比度　　C. 曝光　　D. 色相

（4）细节的分析主要是观察图片人物主体与背景边缘的__________。

2. 梳理个人形象照风格化调色的思路，记录色彩调整工具的使用方法，梳理关键步骤、注意事项。

（1）记录个人形象照风格化调色的操作要点，填入表 1-4-15 中。

表 1-4-15　个人形象照风格化调色的操作要点

类别	操作要点
风格化调色	

（2）下列关于曲线命令的选项中，能使图片亮部变暗的是（　　）。【单选题】

A.
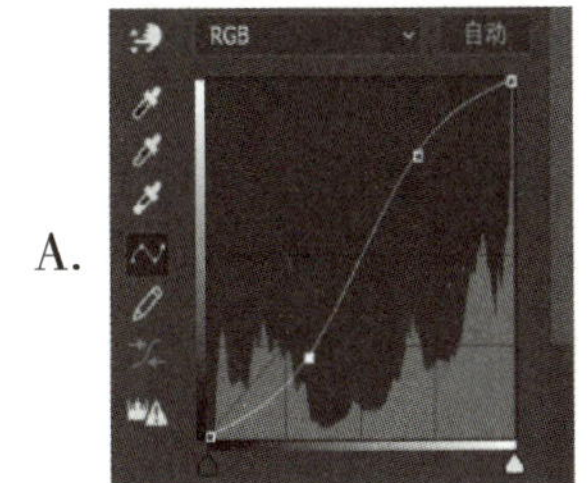

B.
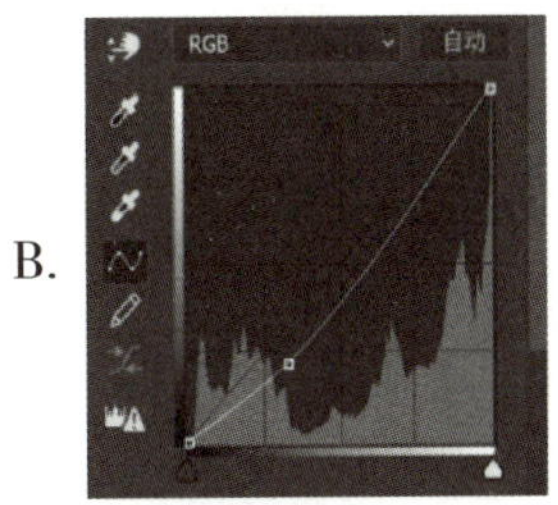

C.
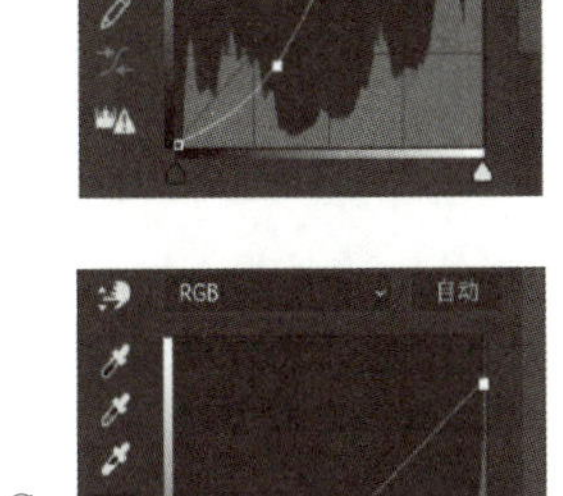

D.
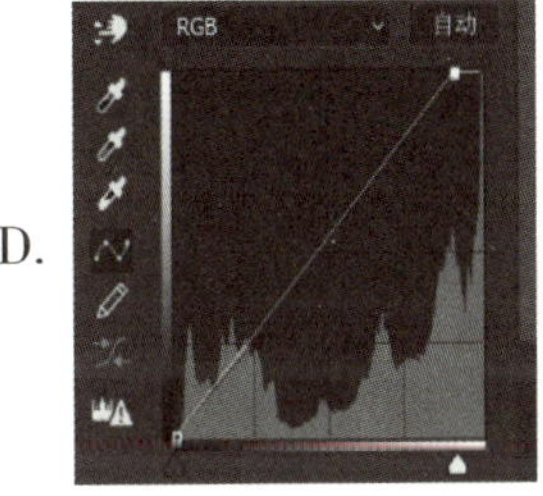

（3）在调色过程中应遵循先整体后局部的原则，先确定正确的影调关系，再确定正常通透的肤色，最后确定层次合理且丰富的环境色调。（　　）【判断题】

想一想

在风格化调色的过程中，使用图像调整菜单和调整图层有何区别？

____

____

____

____

（二）完成个人形象照的风格化调色

1. 观察整体色调校正后的个人形象照，根据表 1–1–7 中的色调分析，使用表 1–3–5 中相应的调色工具调节图片亮部、中间区域、暗部的色彩属性，并完成以下问题。

（1）使用曲线工具调整画面层次，使亮调、中间调、暗调层次丰富、过渡自然，将曲线的形状绘制在图 1–4–13 中。

（2）调整图片饱和度需执行__________命令，参数约为__________，调整的依据是____。

2. 针对背景、皮肤、眼睛等区域进行局部色调的调整，并完成以下问题。

（1）使用魔棒工具选择背景区域，并进行选区羽化，复制选区，按组合键__________复制选区建立新的图层，执行__________调色命令，提高背景色的亮度。

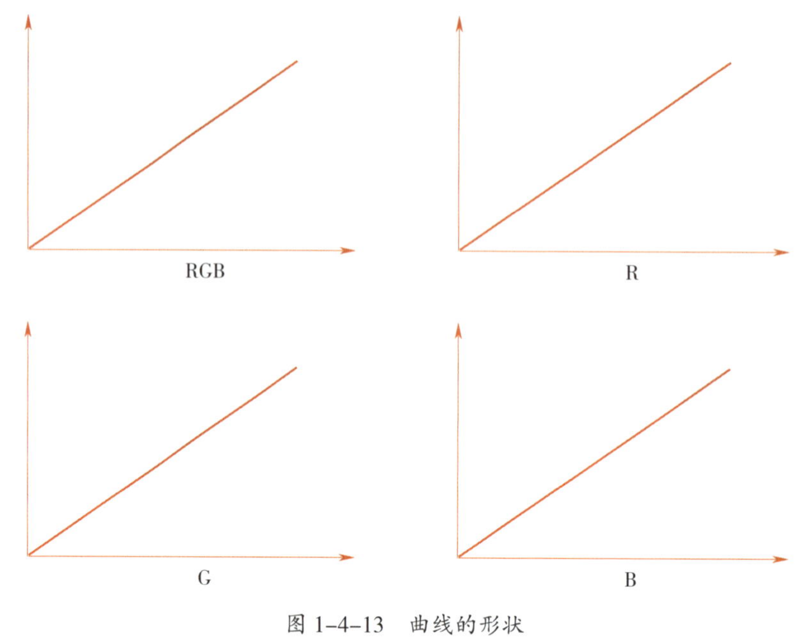

图 1-4-13 曲线的形状

（2）将人物肤色调出红润的质地需执行____________命令，参数约为__________，调整的依据是_________________________。

（3）使用魔棒工具或快速选择工具选取眼睛部分，在眼睛选区建立新的调整图层，执行__________调色命令，将眼睛变得更加明亮清晰。

（三）检查色调风格与图片的一致性

1. 对照原有个人形象照成片色调风格，检查风格化调色后的效果是否一致，如有偏差需进行修改或重调，并记录自检结果、调整内容、调整结果，填入表 1-4-16 中。

表 1-4-16 个人形象照风格化调色效果自检记录表

类别	自检结果	调整内容	调整结果
风格化调色			

2. 各组选派代表汇报风格化调色使用的工具、调整的内容，展示调色后的效果，互检调色效果和色调的一致性，提出并记录修改意见。

____

____

3. 查阅信息页中的评分细则，结合各组代表的汇报，完成组间互评，填入表 1-4-17 中，根据各方反馈意见优化完善。

表 1-4-17 评价项目 10：个人形象照风格化调色考核项目评分表

评价项目	评价标准	组间互评（30%）						教师评价（70%）	说明
1. 调色工具的使用（共 3 分）	（1）工具使用方法正确，得 1 分								
	（2）参数调整得当，得 1 分								
	（3）专业描述准确，得 1 分								
2. 画面整体色调（共 4 分）	（1）较好体现人物气质，得 1 分								
	（2）协调舒适，得 1.5 分								
	（3）与图片风格一致，得 1.5 分								
3. 画面光影层次（共 3 分）	（1）画面光影层次丰富，得 1 分								
	（2）强化人物结构，得 1 分								
	（3）明暗对比鲜明，得 1 分								
合计得分（共 10 分）									
最终得分（组间互评 30%+ 教师评价 70%）									
互评人签字：						教师签字：			

4. 总结个人形象照风格化调色的技术要点，反思经验和不足，完成个人形象照风格化调色技术要点思维导图的绘制，如图 1-4-14 所示。

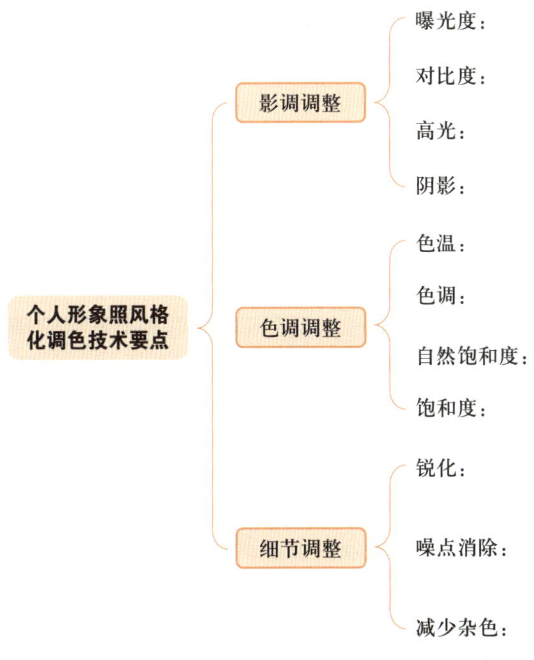

图 1-4-14 个人形象照风格化调色技术要点思维导图

学习环节五 过程控制

学习目标

1. 能采用独立工作的方式，根据交付要求输出个人形象照的初稿，自检初稿文件的大小、分辨率、色彩模式等属性参数和画面修饰效果，确保初稿文件参数准确、整体修饰质量较高；根据交付要求和个性化需求互相检查初稿质量，对透视校正、瑕疵修复、皮肤精修、比例优化、色调调整的合理性和准确性进行判断；根据反馈意见优化完善，直至定稿，确保定稿图片符合人像修饰规范和相关法律法规，画面应美观、不失真。

2. 能根据工作时间和交付要求，对源文件和展示文件进行规范命名、存储，确保交付内容完整，格式正确，在规定的时间内交付验收，完成验收流程并填写验收报告，确保项目顺利交付；根据企业文件管理标准规范，分类整理个人形象照修饰的文件资料；按照 6S 管理制度，对设备、工具、材料进行整理。

建议学时

6 学时

学习要求

序号	学习步骤	学习内容	学时	备注
1	输出并检查初稿	**实践知识：** （1）个人形象照修饰初稿的输出 （2）初稿与交付要求、个性化需求的比对 （3）整体校正、瑕疵修复、皮肤精修、比例优化、风格化调色合理性和准确性的判断 （4）修改意见的理解与执行	4	

续表

序号	学习步骤	学习内容	学时	备注
1	输出并检查初稿	**理论知识：** 文件输出方法和常用存储格式 **能力素养：** 严谨细致		
2	交付验收	**实践知识：** （1）终稿的交付与验收 （2）文件的归类整理 （3）6S 管理制度的遵守 **理论知识：** （1）企业设计文件的验收流程 （2）企业文件管理的标准规范 **能力素养：** （1）时间意识 （2）规范意识	2	

一、输出并检查初稿

（一）对照要求输出初稿

1. 学习 Adobe Photoshop 软件中图片输出的方法，记录输出参数的作用和不同格式的区别，完成以下问题。

（1）按照交付要求，素材图片源文件的格式是__________，展示文件的格式是__________。

（2）支持设置透明度的图片格式不包括（　　）格式。【单选题】

A. TIFF　　B. JPG　　C. PNG

2. 根据任务单中对文件大小、分辨率、色彩模式等参数的要求，独立输出个人形象照修饰初稿，并完成表 1-5-1 的填写。

表 1-5-1　个人形象照修饰初稿输出记录表

素材名称	初稿名称	格式	尺寸	分辨率	色彩模式

（二）检查初稿并修改完善

1. 将初稿属性与任务单中的交付要求进行比对，检查文件的颜色模式、分辨率和尺寸、输出文件格式等属性参数设置是否正确，自检整体修饰效果，判断是否符合任务单中的整体设计要求和个性化需求，填入表 1–5–2 中。

表 1–5–2　　个人形象照的修饰初稿检查记录表

检查项目	检查结果记录	存在问题
颜色模式	□ RGB 模式	
分辨率和尺寸	□ 3 648 像素 ×5 472 像素　□ 72 ppi	
输出文件格式	□ PSD　□ JPG	
整体校正	□图片透视准确、影调色调正确	
瑕疵修复	□瑕疵修复有效、完整，不失真	
皮肤精修	□皮肤干净、通透、有层次	
比例优化	□人物主体美观而不失真	
风格化调色	□画面颜色和谐、色调统一 □符合原有形象照成片整体风格	

2. 组内展示个人形象照初稿，分析组内成员初稿中整体校正、瑕疵修复、皮肤精修、比例优化、风格化调色的合理性和准确性，记录组内成员的表现情况。

____

____

3. 整理自检和互检过程中发现的问题、修改意见和处理结果，完成表 1–5–3 的填写。

表 1–5–3　　自检互检总结表

发现的问题	修改意见	是否采纳	处理结果

二、交付验收

（一）按照要求输出终稿并完成交付

1. 按照交付要求，独立完成交付文件的输出、命名、存储，确保内容完整、符合要求，将文件保存至工作文件夹中。

（1）确认是否已完成以下几项工作，在已完成的工作前画“√”。

□完成文件的输出　□完成文件的正确命名　□完成文件的正确存储

（2）再次复核终稿交付清单的内容，填入表 1–5–4 中。

表 1–5–4 终稿交付清单

提交内容	格式	文件命名	存储	是否核对准确
				□是 □否

2. 查阅企业设计文件验收流程，在规定的时间内，将个人形象照修饰终稿文件打包提交，完成验收流程并填入表 1–5–5 中。

表 1–5–5 个人形象照的修饰验收单

<table>
<tr><td>项目名称</td><td></td><td>交付日期</td><td></td></tr>
<tr><td>设计师</td><td></td><td>设计师助理</td><td></td></tr>
<tr><td>工作内容</td><td colspan="3"></td></tr>
<tr><td>验收情况</td><td colspan="3">□人物色调风格符合职业形象要求　□结构比例匀称，美而不失真
□人物无明显瑕疵，皮肤状态较好　□整体效果完整、美观
□输出格式符合要求　□其他__________</td></tr>
<tr><td>验收意见</td><td colspan="3">□验收通过　□验收不通过</td></tr>
<tr><td>验收人</td><td></td><td>验收方公章</td><td></td></tr>
<tr><td>日期</td><td colspan="3"></td></tr>
</table>

3. 独立查阅信息页中的评分细则，完成自我评价和组间互评，填入表 1–5–6 中。

表 1–5–6 评价项目 11：个人形象照终稿的交付评分表

<table>
<tr><th>评价项目</th><th>评价标准</th><th>自我评价（10%）</th><th colspan="6">组间互评（30%）</th><th>教师评价（60%）</th><th>说明</th></tr>
<tr><td>1. 文件格式（共 1 分）</td><td>色彩模式、分辨率等符合输出要求，得 1 分</td><td></td><td></td><td></td><td></td><td></td><td></td><td></td><td></td><td></td></tr>
<tr><td>2. 画面质量（共 2 分）</td><td>（1）画面干净、无瑕疵，得 0.5 分</td><td></td><td></td><td></td><td></td><td></td><td></td><td></td><td></td><td></td></tr>
</table>

续表

<table>
<tr><th>评价项目</th><th>评价标准</th><th>自我评价（10%）</th><th colspan="6">组间互评（30%）</th><th>教师评价（60%）</th><th>说明</th></tr>
<tr><td rowspan="3">2. 画面质量（共 2 分）</td><td>（2）皮肤精修通透、适当、保留细节，得 0.5 分</td><td></td><td></td><td></td><td></td><td></td><td></td><td></td><td></td><td></td></tr>
<tr><td>（3）五官、形体轮廓比例得当，得 0.5 分</td><td></td><td></td><td></td><td></td><td></td><td></td><td></td><td></td><td></td></tr>
<tr><td>（4）整体色调与原有形象照成片一致，得 0.5 分</td><td></td><td></td><td></td><td></td><td></td><td></td><td></td><td></td><td></td></tr>
<tr><td rowspan="2">3. 时间意识（共 2 分）</td><td>（1）能根据实际工作进度灵活调整各环节的用时，得 1 分</td><td></td><td></td><td></td><td></td><td></td><td></td><td></td><td></td><td></td></tr>
<tr><td>（2）在规定的时间内提交终稿，得 1 分</td><td></td><td></td><td></td><td></td><td></td><td></td><td></td><td></td><td></td></tr>
<tr><td colspan="2">合计得分（共 5 分）</td><td colspan="9"></td></tr>
<tr><td colspan="2">最终得分
（自我评价 10%+ 组间互评 30%+ 教师评价 60%）</td><td colspan="9"></td></tr>
<tr><td colspan="6">互评人签字：</td><td colspan="5">教师签字：</td></tr>
</table>

（二）整理归档，检查资料档案的完整性

1. 根据企业文件管理的标准规范，按照工作过程和工作内容对个人形象照修饰文件资料进行命名、存储，整理个人形象照修饰文件资料档案。

（1）文件资料档案中包括哪些文件夹？

____

（2）每个文件夹中分别存储了哪些文件？

____

2. 根据 6S 管理制度，整理工作站，完成以下问题。

（1）6S 分别为________、________、________、________、________、________。

（2）整理的目的主要是排除（□时间 / □空间）的浪费，区分好要与不要，把不要的清理掉，把空间腾出来；整顿的目的主要是排除查找（□时间 / □空间）的浪费，将物品分门别类，摆放整齐，便于查找。

学习环节六 总结拓展

学习目标

1. 能独立总结个人形象照修饰的经验，人像修饰常见方式、工具，分析不足，并提出改进措施，撰写心得体会。

2. 能独立领取任务素材，明确修饰要求和交付要求，准确叙述常见证件照的尺寸标准；独立分析培训讲师证件照存在的问题，校正色调颜色、修复主体和背景瑕疵、精修皮肤，优化脸型、五官、头发和形体比例、调整风格化色调，完成培训讲师证件照的修饰初稿；自检修饰效果并修改完善，根据制作要求和交付要求，独立输出终稿，整理设计资料档案，确保培训讲师证件照人物干净整洁、美观自然，构图对称均衡、留白与主体比例协调。

建议学时

12 学时

学习要求

序号	学习步骤	学习内容	学时	备注
1	总结技术要点	**理论知识：** 人像修饰常见方式、工具的优缺点，适用场景 **职业素养：** 爱岗敬业	2	
2	完成巩固训练	**实践知识：** （1）证件照角度、比例的校正 （2）证件照的精修 （3）证件照的裁剪输出	10	

续表

序号	学习步骤	学习内容	学时	备注
2	完成巩固训练	**理论知识：** （1）证件照的修饰要求和交付要求 （2）不同大小照片的标准尺寸及应用范围 （3）证件照的输出格式规范 （4）证件照的画质要求、主体比例标准 **职业素养：** 数字技术应用能力		

一、总结技术要点

总结个人形象照修饰的技术要点，反思不足

1. 回顾个人形象照修饰任务完成的过程，总结个人形象照修饰的工作经验，分析不足，并提出改进措施，撰写个人形象照修饰心得。

获得经验：____

____

不足：____

____

改进措施：____

____

2. 总结个人形象照修饰常用工具，如适用场景、优点、不足等，填入表 1-6-1 中。

表 1-6-1　　个人形象照修饰常用工具总结表

修饰内容	常用工具	适用场景	优点	不足
瑕疵修复				
皮肤精修				
比例优化				
风格化调色				

二、完成巩固训练

（一）接受任务，明确制作要求

1. 独立领取培训讲师证件照修饰任务单（见表 1–6–2）和素材资料，解读任务单，圈画关键信息，明确培训讲师证件照的修饰要求和交付要求。

表 1–6–2 培训讲师证件照修饰任务单

<table>
<tr><td>任务名称</td><td>培训讲师证件照的精修</td><td>下单时间</td><td>2023 年 12 月</td></tr>
<tr><td>客户名称</td><td>某互联网培训公司</td><td>交稿时长</td><td></td></tr>
<tr><td>下单人</td><td>× 主管</td><td>联系方式</td><td>175××××××××</td></tr>
<tr><td rowspan="5">任务要求</td><td>设计尺寸</td><td colspan="2">一寸证件照</td></tr>
<tr><td>分辨率</td><td colspan="2">72 ppi</td></tr>
<tr><td>色彩模式</td><td colspan="2">RGB 色彩模式</td></tr>
<tr><td colspan="3">1）一寸证件照，红色背景
2）皮肤干净通透，皮肤纹理清晰有质感
3）黑色头发，发色不正的要进行调整
4）服装得体，符合证件照的规范要求，妆容不能过于浓重或夸张</td></tr>
<tr><td>输出格式</td><td colspan="2">提交一个以“培训讲师证件照”命名的文件夹，文件夹内需包含 1 份 PSD 格式的源文件、1 份 JPG 格式的展示文件</td></tr>
<tr><td colspan="4">委托人签字： 接受人签字：
年 月 日</td></tr>
</table>

2. 查阅相关资料，梳理不同尺寸证件照的制作标准及应用范围，将表 1–6–3 补充完整。

表 1–6–3 证件照的制作标准及应用范围

常见尺寸	制作标准	应用范围
例：一寸	25 mm × 35 mm / 295 像素 × 413 像素	学生证、教资考试以及各类考试（国 / 省考）等
二寸		
三寸		
小一寸		
大一寸		
小二寸		

续表

常见尺寸	制作标准	应用范围
大二寸		
三寸		

3. 观察证件照素材图片的色调、颜色、细节质感等，判断是否存在曝光、偏色等问题，查找人物主体和背景区域的瑕疵和污点，分析人物的轮廓比例，记录观察的方法和存在的问题，填入表 1–6–4 中。

表 1–6–4　　证件照素材图片问题分析

分析类别	观察的方法	存在的问题（需修饰内容）
色调		
颜色		
细节质感		
背景色		

（二）制定培训讲师证件照的修饰方案

1. 查阅信息页中证件照修饰的常见问题和解决方法的相关资料，梳理证件照修饰的常用工具、注意事项。

（1）观察图 1–6–1 中眼睛局部的特写，使用（　　）工具可以解决大小眼问题。【单选题】

图 1–6–1　大小眼示意图

A. 自由变换　　B. 液化脸部　　C. 变形网格　　D. 操控变形

（2）证件照的比例不仅指证件照的长宽比，还包括了照片的尺寸和头部在照片中所占的比例。一般来说证件照的宽是长的（　　），头部在照片中所占的比例大约是（　　）。【单选题】

A. 三分之一　　B. 三分之二　　C. 二分之一　　D. 四分之三

（3）证件照的角度调整需要借助__________工具，让人物保持轴线居中，左右留白对称。而大小眼、左右脸，高低眉，嘴歪鼻子歪、高低肩、高低领等问题都需要使用________工具进行调整。

2. 根据问题分析结果，思考能解决此类问题的修饰方法和流程，列举匹配的修饰工具，填入表 1–6–5 中。

表 1-6-5 培训讲师证件照修饰方案

修饰内容	修饰方法	修饰流程	修饰工具
整体校正			
瑕疵修复			
皮肤精修			
比例优化			
色调调整			
背景换色			

（三）修饰培训讲师证件照

1. 按照培训讲师证件照修饰方案进行操作，记录人像整体校正、瑕疵修复、皮肤精修、比例优化、色调调整使用的关键技术、遇到的问题、提出的解决方法，填入表 1-6-6 中。

表 1-6-6 培训讲师证件照修饰操作记录表

修饰内容	关键技术	遇到的问题	解决方法	处理结果
整体校正				
瑕疵修复				

续表

修饰内容	关键技术	遇到的问题	解决方法	处理结果
皮肤精修				
比例优化				
色调调整				

2. 根据交付要求调整或替换背景色，调节人物主体服装颜色和局部头发颜色，确保符合发色要求，根据主体与背景的比例要求进行旋转、裁切，确保人物主体轴线居中，左右两侧留白对称。

（1）观察分析背景色、服饰颜色和局部头发颜色存在的问题，根据交付要求列举能解决问题的工具并进行处理，填入表 1–6–7 中。

表 1–6–7　　证件照背景色和服饰颜色、局部头发颜色问题分析

类型	交付要求	调整方法	调整流程	使用工具	处理结果
背景色		□调整颜色 □抠图替换			
服饰颜色		□调整颜色 □抠图替换			
局部头发颜色		□调整颜色 □抠图替换			

（2）查阅信息页中证件照修饰的要求，确定裁剪区域。

1）补充完善图 1–6–2 中标准证件照的修饰要求。

2）在裁切证件照时需要借助标尺工具，其组合键是（　　）。**【单选题】**

A. Ctrl+D　　B. Ctrl+;

C. Ctrl+R　　D. Ctrl+S

图 1-6-2　标准证件照示意图

3）从任务资料中打开图片素材，借助软件查看素材图片的尺寸，填写表 1-6-8，并在图中圈出需要裁切的部分。

表 1-6-8　培训讲师证件照尺寸

图片素材	应输出尺寸	尺寸调整流程	使用工具	处理结果

（四）输出自检并修改完善

1. 自检修饰效果，记录存在的问题，思考解决方案，记录处理结果，填入表 1-6-9 中，输出培训讲师证件照初稿。

表 1-6-9　培训讲师证件照初稿自检记录表

自检内容	交付要求	自检结果	解决方法	处理结果

续表

自检内容	交付要求	自检结果	解决方法	处理结果

2. 组内展示培训讲师证件照修饰效果图，并进行简要汇报。记录教师和其他同学反馈的建议。

____

____

3. 按照交付要求输出培训讲师证件照的成片源文件和效果图，整理培训讲师证件照设计资料档案。

（1）确认是否已完成以下几项工作，在已完成的工作前画“√”。

□完成文件的输出　　□完成文件的正确命名　　□完成文件的正确存储

（2）根据企业文件管理标准规范，采用资料归类整理法，按照工作过程和工作内容对个人形象照修饰文件资料进行命名、存储，整理培训讲师证件照设计资料档案。

4. 查阅信息页中的评分细则，完成组间互评，填入表 1–6–10 中。

表 1–6–10　　评价项目 12：培训讲师证件照终稿评分表

评价项目	评价标准	组间互评（30%）						教师评价（70%）	说明
1. 终稿的格式（共 2 分）	（1）输出尺寸、分辨率符合交付要求，得 1 分								
	（2）存储格式符合交付要求，得 1 分								

续表

<table>
<tr><th>评价项目</th><th>评价标准</th><th colspan="6">组间互评（30%）</th><th>教师评价（70%）</th><th>说明</th></tr>
<tr><td rowspan="2">2. 终稿的比例（共2分）</td><td>（1）裁剪后人像在画面中位置、留白、比例等符合要求，得1分</td><td></td><td></td><td></td><td></td><td></td><td></td><td></td><td></td></tr>
<tr><td>（2）轴线居中、左右留白对称，得1分</td><td></td><td></td><td></td><td></td><td></td><td></td><td></td><td></td></tr>
<tr><td rowspan="6">3. 人物的精修（共6分）</td><td>（1）画面干净、无瑕疵，得1分</td><td></td><td></td><td></td><td></td><td></td><td></td><td></td><td></td></tr>
<tr><td>（2）皮肤通透有细节，得1分</td><td></td><td></td><td></td><td></td><td></td><td></td><td></td><td></td></tr>
<tr><td>（3）轮廓优化适当，得1分</td><td></td><td></td><td></td><td></td><td></td><td></td><td></td><td></td></tr>
<tr><td>（4）大小眼调整正常，得1分</td><td></td><td></td><td></td><td></td><td></td><td></td><td></td><td></td></tr>
<tr><td>（5）发色调整正常，得1分</td><td></td><td></td><td></td><td></td><td></td><td></td><td></td><td></td></tr>
<tr><td>（6）色调和谐清爽，得1分</td><td></td><td></td><td></td><td></td><td></td><td></td><td></td><td></td></tr>
<tr><td colspan="2">合计得分（共10分）</td><td colspan="8"></td></tr>
<tr><td colspan="2">最终得分（组间互评30%+教师评价70%）</td><td colspan="8"></td></tr>
<tr><td colspan="4">互评人签字：</td><td colspan="6">教师签字：</td></tr>
</table>

技工院校工学一体化课程教学资源

技工院校多媒体制作专业工学一体化教材

图文作品的图片处理工作页

主编　马草原

学习任务二

产品图片的后期合成

中国劳动社会保障出版社

简介

本书为技工院校多媒体制作专业“图文作品的图片处理”工学一体化课程的工作页，依据《多媒体制作专业国家技能人才培养工学一体化课程标准》编写，供各地技工院校开展工学一体化教学使用。

本书主要包括个人形象照的修饰、产品图片的后期合成、产品海报的特效处理三个学习任务，每个学习任务包含获取信息、制订计划、做出决策、实施计划、过程控制、总结拓展六个学习环节。

完成本书中学习任务所需的相关素材可通过技工教育网（https://jg.class.com.cn）下载并使用。

图书在版编目（CIP）数据

图文作品的图片处理工作页 / 马草原主编. -- 北京：中国劳动社会保障出版社，2025. --（技工院校工学一体化课程教学资源）（技工院校多媒体制作专业工学一体化教材）. -- ISBN 978-7-5167-7085-6

Ⅰ. TP391.413

中国国家版本馆 CIP 数据核字第 2025B31H80 号

图文作品的图片处理工作页
TUWEN ZUOPIN DE TUPIAN CHULI GONGZUOYE

中国劳动社会保障出版社出版发行
（北京市惠新东街 1 号　邮政编码：100029）

*

北京市艺辉印刷有限公司印刷装订　　新华书店经销

880 毫米 ×1230 毫米　16 开本　20.25 印张　442 千字
2025 年 8 月第 1 版　　2025 年 8 月第 1 次印刷
定价：53.00 元

营销中心电话：400-606-6496
出版社网址：https://www.class.com.cn
https://jg.class.com.cn

技工院校工学一体化课程教学资源
技工院校多媒体制作专业工学一体化教材

开发院校

牵头院校： 青岛市技师学院

参与院校： 山东技师学院　北京市新媒体技师学院

指导专家

张利芳　陈海娜　马　琳

本书编审人员

主　　编： 马草原

参　　编： 赵　洁　冀俊杰　张善理　苏学涛　于淑慧　李亚琳　金　婷
江　源　秦晓娜　谭森洋

审　　稿： 李　飞　郝金亭

指　　导： 陈海娜

序

技工教育的本质是就业教育，其最显著的特征是职业性，其最好的培养模式就是“在工作中学习、在学习中工作”。培育大批高技能人才，既要适应新一轮科技革命和产业变革的需要，也要遵循技能人才成长发展规律，创新技能人才培养方式。推进工学一体化技能人才培养模式改革是推进校企融合、提质培优的重要途径，是技工院校服务制造业和实体经济发展的务实举措。

2009 年，人力资源社会保障部办公厅印发了《技工院校一体化课程教学改革试点工作方案》，分三批在部分技工院校试点开展工学一体化课程教学改革工作，到 2021 年已经覆盖 31 个专业 191 所部级试点院校。经过十多年的发展，理念得到认同、试点不断扩大、学生学习兴趣明显提高，取得了显著成效。2022 年 3 月，人力资源社会保障部印发了《推进技工院校工学一体化技能人才培养模式实施方案》，提出在全国技工院校大力推进工学一体化技能人才培养模式，实现百个专业、千所院校、万名教师的“百千万”工作目标，以促进技工院校人才培养模式变革、提升技能人才培养质量、带动形成技工院校改革创新新局面。

新一轮工学一体化课程教学改革开展聚焦“课程标准”“课程资源”“教师培养”三项重点工作，为持续推进技工院校工学一体化技能人才培养模式实施奠定了坚实基础。印发《〈国家技能人才培养工学一体化课程标准〉开发技术规程》，出版《工学一体化课程开发指导手册》，分三阶段指引完成 103 个专业国家技能人才培养工学一体化课程标准与课程设置方案开发；编制《工学一体化课程教学资源开发指

南》，开发第一批 14 个专业 37 门课程工学一体化课程教学资源；印发《技工院校工学一体化教师培训标准》，出版《工学一体化教师培训指导手册》，依托工学一体化教师培训基地培育师资队伍；印发《技工院校工学一体化课堂、课程、专业、院校建设标准》，出版《工学一体化课程教学实施指导手册》，指引 1 000 所技工院校对标开展工学一体化优质课堂、精品课程、示范专业、骨干院校的建设工作，实现以评促建的目标。

教材建设是教学改革成果固化的重要载体。本次工学一体化课程教学资源按照工作逻辑呈现实践、理论知识和素养，遵循工作过程六步法，从工作向“工作 + 学习”融合，通过引导问题层层递进，实现“输入—内化—输出—考核”的学习闭环，突出学生心智技能和思维的培养，强调学生个人成长的积累。近年来，通过指导专家、几百位试点院校的骨干教师以及编辑团队共同努力，产出了教学指导用书、工作页及答案、信息页及数字资源等形式的系列教材学材，以满足技工院校的教学使用需求。

本系列教材及配套资源的出版，不仅是对本轮技工院校工学一体化技能人才培养模式改革工作的阶段性总结，也是打通从课程标准到课堂实施最后一公里的全新尝试，意义深远。希望全国技工院校将推行工学一体化技能人才培养模式作为创新人才培养模式、提高人才培养质量的重要抓手，为加快培养具有良好工作思维与习惯、自主学习意识与能力、精湛专业技艺与技能的复合型技能人才作出新的更大贡献！

技工教育和职业培训教学指导委员会

2025 年 4 月

目录

学习任务二
产品图片的后期合成

任务描述

任务情境

某农产品销售商在电商平台经营了一家网上店铺，近期新上架了一款源于蓝村的盐碱地大米，该大米具有生理弱碱性，富含氨基酸、维生素等营养元素，晶莹剔透、形似珍珠。设计部已制作了产品详情页，包含该大米的产品优势、规格与包装、熟制后气味、口感等信息，现需要添加大米的静置外观介绍，以展示消费者拿到的实物效果。摄影部已根据客户要求和设计师的整体设计方案拍摄了大量不同角度、景别的场景效果图。现需要设计师助理完成大米实物产品图片的修饰、抠像，合成产品详情页中的精致效果展示模块，并交付设计师验收。

学生从教师处接到任务单后，在教师指导下解读任务单，浏览并分类整理客户提供的素材，明确交付要求、后期合成要求等信息；分析原产品详情页的设计风格、色彩搭配方式；分析产品图片透视、色调、颜色等信息，查找产品图片主体的瑕疵并进行标注，判断主体特征；梳理产品图片的后期合成处理流程，列举用于校正整体画面、修复瑕疵缺陷、抠取产品主体和装饰元素、素材合成的方式、工具、应用位置，制定产品图片后期合成方案，通过对比分析选定后期合成策略。独立使用 Adobe Photoshop 等图片处理软件校正全局色调、颜色，修复图片瑕疵，抠取产品主体和装饰元素，合成多个素材，统一调整画面色调。按照交付要求输出初稿后，检查文件的大小、分辨率、色彩模式等信息和后期合成质量，及时记录问题并修改完善。输出终稿后，按照交付要求将后期合成方案、源文件、详情页展示文件、验收单等材料交付教师并配合完成验收。

任务要求

1. 产品图片的后期合成需满足以下要求。

（1）符合原详情页的设计风格、色彩搭配。

（2）图片主体透视准确、曝光正常、无偏色、干净整洁，能真实展示消费者拿到的实物效果，重点突出、简洁明了。

（3）抠像边缘光滑、过渡自然。

（4）合成构图美观，光影融合效果自然。

2. 按照工作时间和交付要求，整理、输出并提交符合设计师要求的文件。

（1）文件设置要求：颜色模式为 RGB，分辨率为 72 dpi（dot/inch），图片宽度尺寸为 790 像素，高度根据详情页效果而定。

（2）文件输出要求：一份 PSD 格式的图片处理源文件，一份 JPG 格式的图片处理展示文件。

任务资料

1. 产品图片后期合成任务单（见表 2-0-1）

表 2-0-1　产品图片后期合成任务单

项目名称	大米产品图片后期合成	下单时间	2023 年 12 月
下单人	某农产品销售商	工作时长	16 h 之内
联系电话	—	邮箱	—
投放平台	电商平台详情页		
背景介绍	（1）市场态势：此任务为相关产品的常规做法 （2）目标人群：线上购买农产品的人（年龄在 30 ~ 65 岁之间），注重养生的人群 （3）竞品对标：同类产品的相关品牌均为竞品		
输出要求	（1）颜色模式为 RGB，分辨率为 72 dpi （2）图片宽度尺寸为 790 像素，高度根据详情页效果而定 （3）PSD 格式的图片处理源文件，JPG 格式的图片处理展示文件		
文案要求	（1）必须体现的文案内容或创意元素 （2）外形晶莹透亮，形似珍珠生理弱碱，自然健康		
设计要求	（1）符合原详情页的设计风格、色彩搭配 （2）体现产品的特性，画面质量高		
接单人		联系方式	

负责人签字：

年　　月　　日

2. 原产品详情页（见图 2-0-1）

a)　b)　c)　d)

图 2-0-1　原产品详情页

a）产品优势介绍　b）产品信息介绍　c）产品气味介绍　d）产品口感介绍

3. 任务产品素材图片（见图 2-0-2）

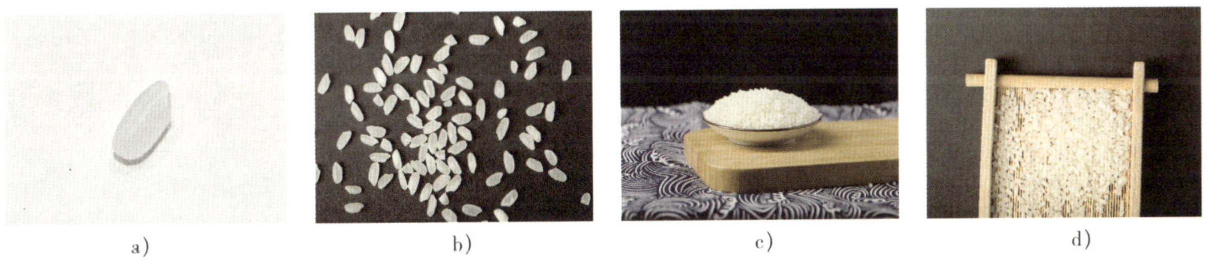

a)　b)　c)　d)

图 2-0-2　任务产品素材图片

a）大米特写图　b）黑底散落大米全景图　c）案板小碟大米场景图　d）簸箕大米场景图

4. 可参考使用的素材（见图 2-0-3）

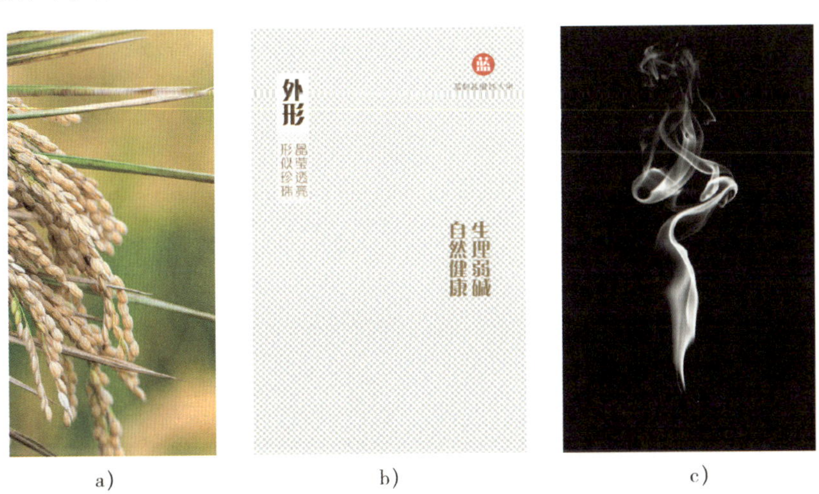

a)　b)　c)

图 2-0-3　可参考使用的素材

a）背景素材图（麦穗）　b）文案素材图　c）背景素材图（烟雾）

5. 产品图片详情页整体设计方案

（1）项目背景与目的

某农产品销售商在电商平台经营了一家网上店铺，2023 年 11 月上架一款源于东北平原稻米产区的“五常大米”。设计部已制作了产品详情页，体现该大米的加工工艺，规格与包装，熟制后的气味、口感等信息，客户现要求添加大米的静置外观介绍，以展示消费者拿到的实物效果。

（2）目标受众

30 ~ 65 岁的消费群体，追求健康生活品质，注重养生的人群。

（3）设计要求

1）风格应体现自然无添加，以简洁的装饰来呈现产品的品质、特征。

2）整体设计调性体现出简洁、清晰、真实、自然、和谐等特点。

（4）整体策划

产品图片详情页整体设计方案（草图）如图 2-0-4 所示。

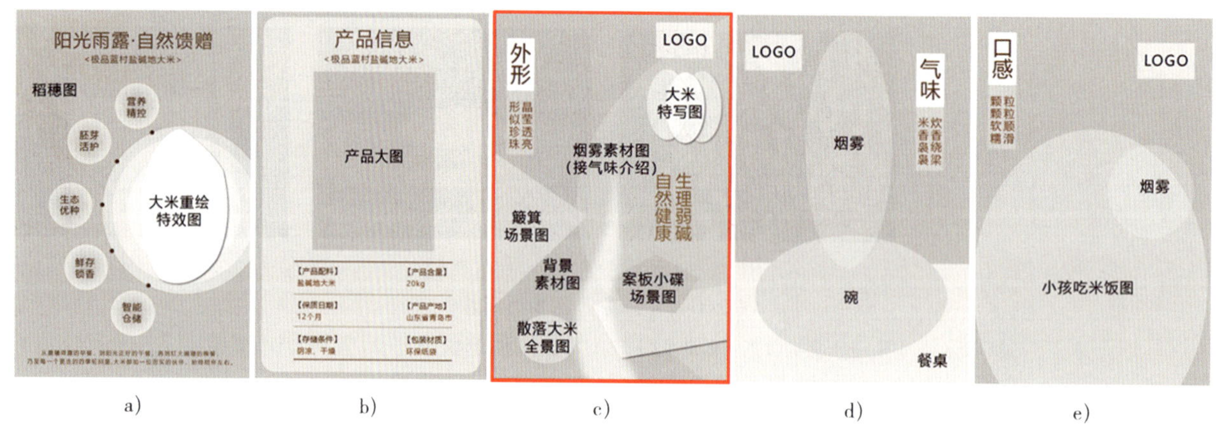

图 2-0-4　产品图片详情页整体设计方案（草图）

a）产品优势介绍　b）产品信息介绍　c）产品外形介绍　d）产品气味介绍　e）产品口感介绍

（5）文案内容

红框标注为新增“模块三”文案内容。

1）外形晶莹透亮，形似珍珠。

2）生理弱碱，自然健康。

学习目标

1. 能领取并分类整理设计资料，解读任务单，明确交付要求、整体设计方案、后期合成处理要求，填写任务要求分析表，分析原产品详情页的设计风格和色彩搭配方式，分析产品图片存在的问题和主体特征，填写产品图片分析记录表。

2. 能梳理产品图片后期合成处理流程，分析实物产品图片主体抠取案例，归纳提炼不同主体特征所对应的主体抠取方法，以及合成处理方式，制定实物产品图片后期合成方案。

3. 能查阅相关法律法规，明确产品图片后期合成应遵循的规范和准则，对比分析不同方式、工具的优缺点，分析方案的可行性，选定实物产品图片后期合成策略。

4. 能根据产品图片后期合成策略，校正整体画面、修复待抠取部分的瑕疵，抠取产品主体、装饰元素，置入素材，统一色调，合成素材，增加层次感。

5. 能按要求输出产品海报初稿，自检初稿并修改完善，输出终稿，填写验收单，确保交付质量。

6. 总结产品图片后期合成的技术要点，绘制思维导图完成巩固训练项目。

7. 在任务完成的过程中，具备信息处理能力、数字技术应用能力、与人沟通的能力，细致严谨的工作态度、质量意识和勤学苦练的劳动精神。

建议学时

72 学时

学习路径

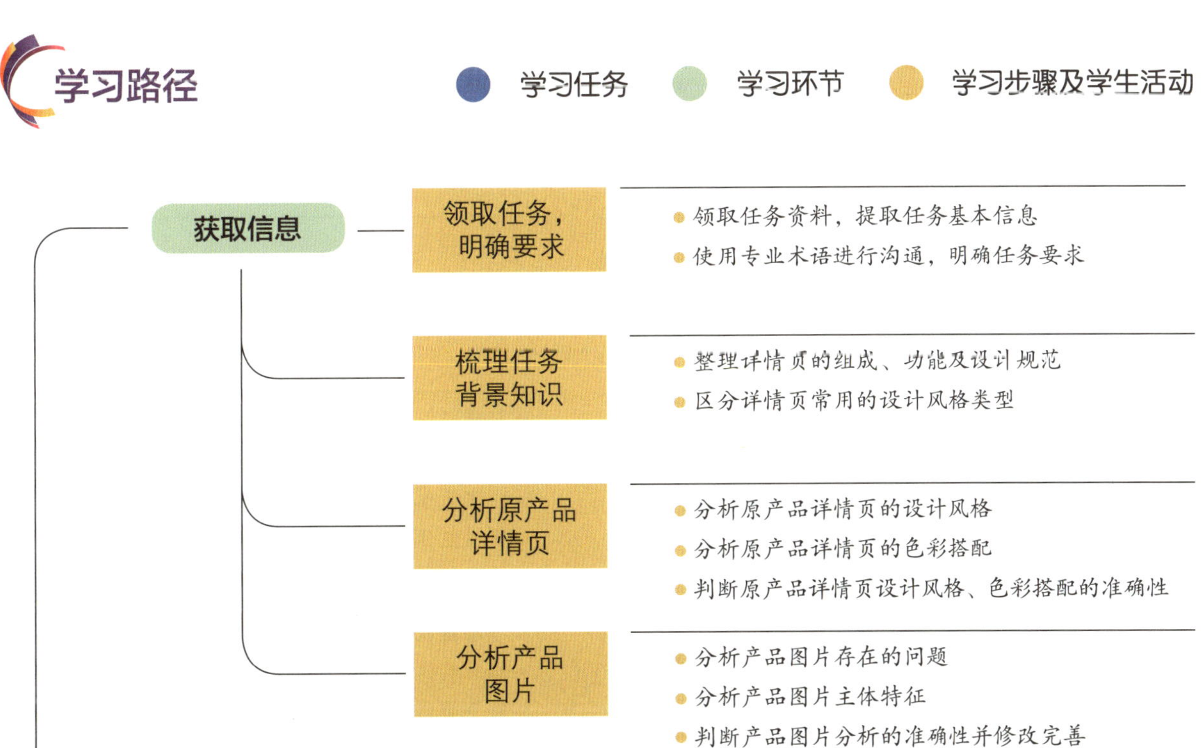

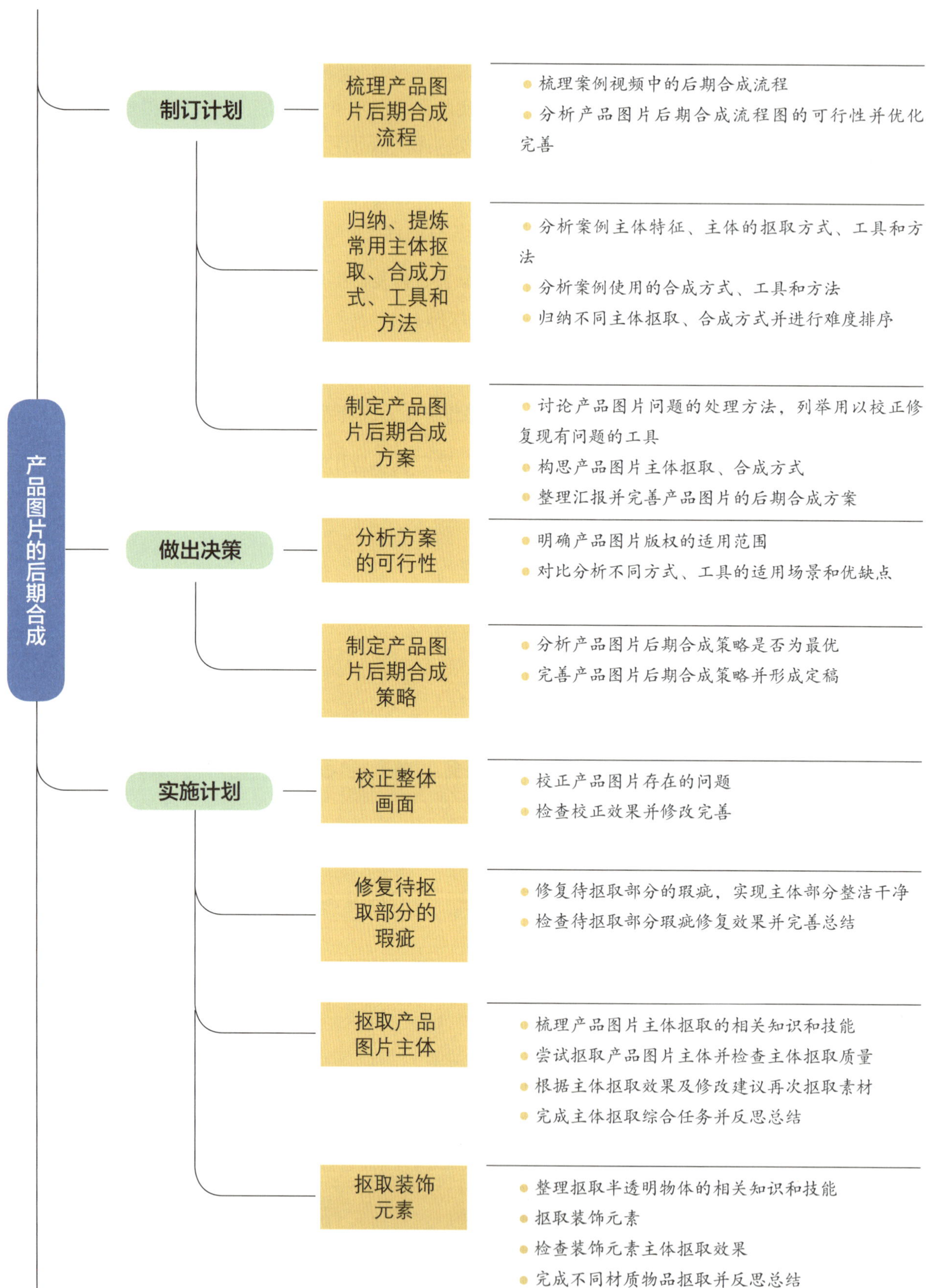
产品图片的后期合成
制订计划
梳理产品图片后期合成流程
梳理案例视频中的后期合成流程
分析产品图片后期合成流程图的可行性并优化完善
归纳、提炼常用主体抠取、合成方式、工具和方法
分析案例主体特征、主体的抠取方式、工具和方法
分析案例使用的合成方式、工具和方法
归纳不同主体抠取、合成方式并进行难度排序
制定产品图片后期合成方案
讨论产品图片问题的处理方法，列举用以校正修复现有问题的工具
构思产品图片主体抠取、合成方式
整理汇报并完善产品图片的后期合成方案
做出决策
分析方案的可行性
明确产品图片版权的适用范围
对比分析不同方式、工具的适用场景和优缺点
制定产品图片后期合成策略
分析产品图片后期合成策略是否为最优
完善产品图片后期合成策略并形成定稿
实施计划
校正整体画面
校正产品图片存在的问题
检查校正效果并修改完善
修复待抠取部分的瑕疵
修复待抠取部分的瑕疵，实现主体部分整洁干净
检查待抠取部分瑕疵修复效果并完善总结
抠取产品图片主体
梳理产品图片主体抠取的相关知识和技能
尝试抠取产品图片主体并检查主体抠取质量
根据主体抠取效果及修改建议再次抠取素材
完成主体抠取综合任务并反思总结
抠取装饰元素
整理抠取半透明物体的相关知识和技能
抠取装饰元素
检查装饰元素主体抠取效果
完成不同材质物品抠取并反思总结

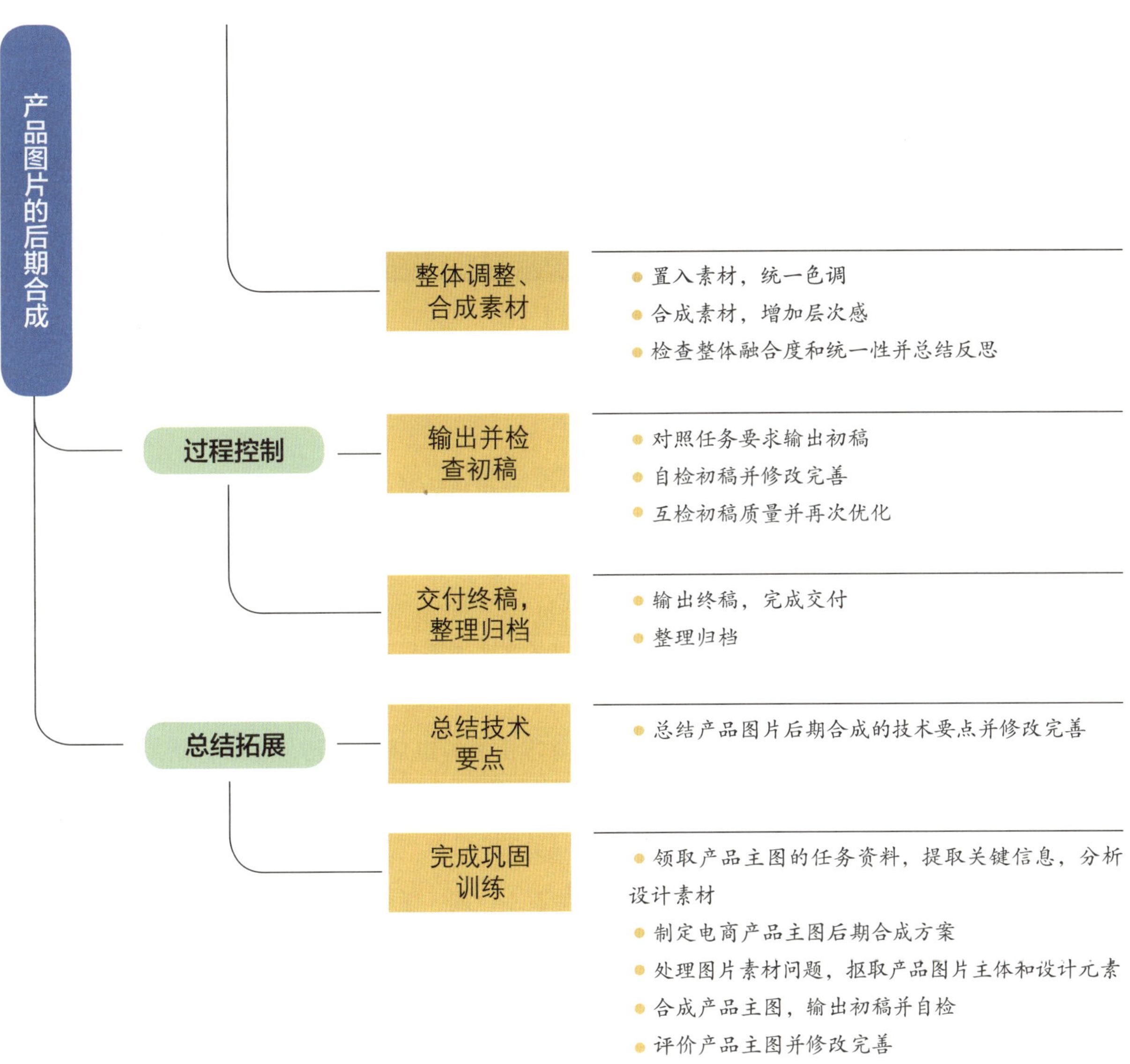

- 领取产品主图的任务资料，提取关键信息，分析设计素材
- 制定电商产品主图后期合成方案
- 处理图片素材问题，抠取产品图片主体和设计元素
- 合成产品主图，输出初稿并自检
- 评价产品主图并修改完善

学习环节一 获取信息

学习目标

1. 能在教师指导下解读任务单，明确工作时间、输出格式等交付要求；使用实物产品后期合成专业术语与教师进行沟通，明确整体设计方案、后期合成处理要求；填写任务要求分析表，分类整理设计资料，确保任务信息准确无误。

2. 能独立查阅电商平台产品详情页的模块布局及各模块设计的注意事项，明确详情页的组成功能及标准，绘制详情页模块简介图。

3. 能以小组合作的形式分析原产品详情页设计元素的组成，背景、装饰特征，准确判断其设计风格；分析背景、文字、产品的色彩特征判断色彩搭配方式；绘制原产品详情页分析思维导图。

4. 能以小组合作的形式分析产品图片的透视关系、色调、颜色等信息，查找图片主体的瑕疵并进行标注，判断主体的轮廓、材质类型，分析主体与背景的色彩差异程度，填写存在的问题、主体特征分析记录表，确保产品图片素材分析准确、全面。

建议学时

8 学时

学习要求

序号	学习步骤	学习内容	学时	备注
1	领取任务，明确要求	**实践知识：** （1）产品图片后期合成任务资料的领取与核对 （2）素材资料的分类整理 （3）后期合成要求等关键信息的解读	2	

续表

序号	学习步骤	学习内容	学时	备注
1	领取任务，明确要求	**理论知识：** 产品图片后期合成专业术语 **能力素养：** 与人沟通的能力		
2	梳理任务背景知识	**实践知识：** 详情页各模块功能、规范的解读 **理论知识：** 详情页的组成、模块功能及设计规范	2	
3	分析原产品详情页	**实践知识：** （1）原详情页设计风格的判断 （2）原详情页色彩搭配方式的判断 **理论知识：** （1）详情页常用设计风格及特点 （2）详情页色彩搭配的技巧 **能力素养：** 信息处理能力	2	
4	分析产品图片	**实践知识：** （1）产品图片素材透视、曝光、色彩、瑕疵等问题的判断 （2）产品主体轮廓、材质与背景色差的判断 **理论知识：** （1）产品图片透视关系的观察方法 （2）产品主体轮廓类型及材质类型 （3）产品主体与背景色彩差异的形式及作用 **能力素养：** 信息处理能力	2	

一、领取任务，明确要求

（一）领取任务资料，提取任务基本信息

1. 查看产品图片后期合成任务单样例，浏览相关素材，整体设计资料，并核对资料的数量，填入表 2-1-1 中。

表 2-1-1　　产品图片后期合成任务素材检查表

名称	应有数量	实际数量	备注
项目任务单	1 张		
项目验收单	1 张		

续表

名称	应有数量	实际数量	备注
原有产品详情页	5 部分		
背景素材	2 张		
文案素材	1 个		
企业文件管理制度	1 份		
《中华人民共和国广告法》	1 份		
产品图片	4 张		
整体设计方案	1 套		
其他			

2. 小组共同查阅产品图片后期合成任务单中的交付要求，提取设计尺寸等相关信息，填入表 2–1–2 中。

表 2–1–2　　产品图片后期合成任务分析表（交付要求部分）

任务名称		
要求类别	要求内容	
交付要求	设计尺寸	
	分辨率	
	颜色模式	
	交付格式	
	工作周期	

（二）使用专业术语进行沟通，明确任务要求

1. 查阅信息页中产品图片后期合成专业术语的相关资料，使用专业术语与设计师沟通，明确整体设计方案、主体抠取合成处理等要求。

（1）阅读设计师与设计助理的对话，使用红线标注专业术语。

设计师： 你对本环节任务设计背景是怎么理解的？

设计助理： 本环节的任务是针对设计部已制作的一版产品详情页，应客户要求添加大米的静置效果介绍，以展示消费者拿到的产品实物效果，我们已经拿到了摄影部拍摄的大米不同角度、景别的场景效果图。现需要完成大米产品图片的修饰与抠像，合成详情页中的一张图片。

设计师： 嗯，对，相信你已经浏览过项目任务单，理解客户的设计要求了吗？

设计助理： 我与小组成员共同解读了任务单，明确了任务要求和交付要求，跟您汇报一下：产品图片的后期合成首先要符合原详情页的设计风格、色彩搭配；抠取图片主体、装饰素材无瑕疵，边缘光滑、过渡自然，能真实展示消费者拿到的产品实物效果，重点突出、简洁明了；合成后的详情页构图美观、光影融合效果自然。

设计师： 嗯，你理解得很到位，接下来就去搜集相关信息吧。

（2）整理整体设计方案、主体抠取合成处理等要求，填入表 2-1-3 中。

表 2-1-3　　产品图片后期合成任务要求分析

任务名称		
设计要求	整体设计要求	
	后期合成要求	
	文案内容	

2. 小组选举代表展示“产品图片后期合成任务要求分析”评价表，根据各组表现情况进行组间互评，填入表 2-1-4 中，并根据反馈意见进行修改完善。

表 2-1-4　　评价项目 1：产品图片后期处理任务要求分析评分表

评价项目	评价标准	组间互评（30%）						教师评价（70%）	说明
1. 关键信息的提取（共 2 分）	（1）交付要求信息提取准确，得 1 分								
	（2）设计要求信息提取准确，得 1 分								

续表

评价项目	评价标准	组间互评（30%）						教师评价（70%）	说明
2. 专业术语的使用（共2分）	专业术语使用或表述有误每项扣0.5分，共2分								
3. 语言的表达（共1分）	（1）思路清晰，得0.5分								
	（2）表达流畅，得0.5分								
合计得分（共5分）									
最终得分（组间互评30%+教师评价70%）									
互评人签字：				教师签字：					

3. 查阅信息页中的企业文件管理规范，对设计师提供的相关素材、文件进行命名，并创建产品图片后期处理任务素材库，并对素材、资料、原详情页等文件夹进行重命名，填入表2-1-5中，并进行展示。

表2-1-5　　产品图片素材命名记录表

文件夹重命名	原素材的名称	素材重命名后的名称
例：实物产品图片素材	例：白底大米特写图片.jpg	例：大米白底特写图片素材.jpg
图片素材 __________ __________		
设计资料 __________ __________		
__________ __________		

二、梳理任务背景知识

（一）整理详情页的组成、功能及设计规范

1. 查阅信息页中详情页的相关知识，分析各个板块的名称、作用和设计规范，完成以下问题。

（1）在电商平台的产品详情页中，为了最大程度吸引消费者的注意力，（　　）位置最适合放置

最吸引人的模块。【单选题】

A. 页面左侧　　B. 页面顶部

C. 页面中部　　D. 页面底部

（2）在图 2–1–1 所示的箭头指示框中标注模块 1 至模块 5 的名称、作用和设计规范。

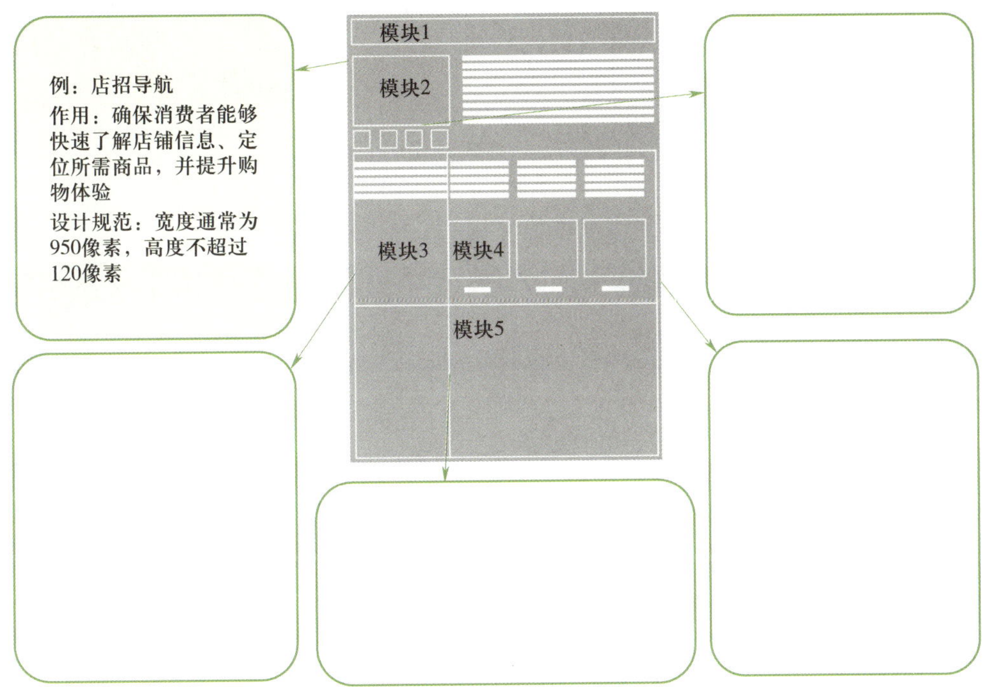

图 2–1–1 详情页模块分析图

2. 分析详情页设计元素的组成及特征，明确设计要求及注意事项，完成以下问题。

（1）（　　）属于详情页中产品图片的设计要求。【多选题】

A. 分辨率越高越好　　B. 光影效果自然

C. 主体突出　　D. 背景简洁

（2）在设计详情页的装饰元素时，需要注意（　　）等来确保页面既美观又实用。【多选题】

A. 与整体风格一致　　B. 色彩搭配协调

C. 能够突出产品特点　　D. 数量越多越好

E. 位置布局合理　　F. 具有独特性和创新性

（二）区分详情页常用的设计风格类型

1. 查阅信息页中详情页常用设计风格及特点的相关资料，明确常见详情页的风格种类及特征。根据不同风格详情页的特点，连线匹配其通常适用的产品类型。

风格分类

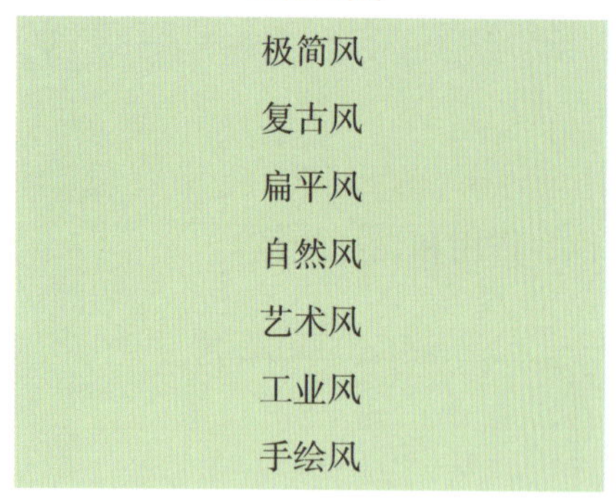

极简风
复古风
扁平风
自然风
艺术风
工业风
手绘风

产品类型

时尚品牌或年轻化的产品
有机产品、户外装备
儿童产品、创意产品
具有传统特色的产品、工艺品
高端品牌、科技产品
工业产品、家居装饰
应用服务、电子产品

2. 分析表 2-1-6 中产品详情页案例的特点，判断其设计风格。

表 2-1-6　　产品详情页设计案例分析记录表

产品详情页案例	元素特点分析			设计风格
	产品类型	背景类型	装饰类型	
	□实物 □手绘 □合成 □ 3D	□实拍 □纯色 □渐变 □合成	□实拍图片　□复古图案 □自然纹理　□工业材料 □简洁图形　□抽象图案 □立体仿真　□软件特效	□极简　□复古 □扁平　□自然 □艺术　□工业 □手绘　□科技
	□实物 □手绘 □合成 □ 3D	□实拍 □纯色 □渐变 □合成	□实拍图片　□复古图案 □自然纹理　□工业材料 □简洁图形　□抽象图案 □立体仿真　□软件特效	□极简　□复古 □扁平　□自然 □艺术　□工业 □手绘　□科技
	□实物 □手绘 □合成 □ 3D	□实拍 □纯色 □渐变 □合成	□实拍图片　□复古图案 □自然纹理　□工业材料 □简洁图形　□抽象图案 □立体仿真　□软件特效	□极简　□复古 □扁平　□自然 □艺术　□工业 □手绘　□科技

三、分析原产品详情页

（一）分析原产品详情页的设计风格

以小组为单位，分析原产品详情页中产品、背景、装饰等类型设计元素的特征，判断其设计风格类型。

产品类型：□实物　□手绘　□合成　□ 3D

背景类型：□实拍　□纯色　□渐变　□合成

装饰类型：□实拍图片　□复古图案　□自然纹理　□工业材料　□简洁图形

□抽象图案　□立体仿真　□软件特效

设计风格：________________

（二）分析原产品详情页的色彩搭配

查阅信息页中 Adobe Photoshop 软件吸管工具使用方法、配色法则的相关资料，判断原详情页的色彩搭配方式。

1. 参考图 2-1-2 中取样点的位置及内容，使用吸管工具吸取取样点颜色色值，记录不同取样点的 RGB 色值和 HSB 属性值，填入表 2-1-7 中。思考还可以添加哪些取样点，按照编号方式在图 2-1-2 中标出，并记录其属性值。

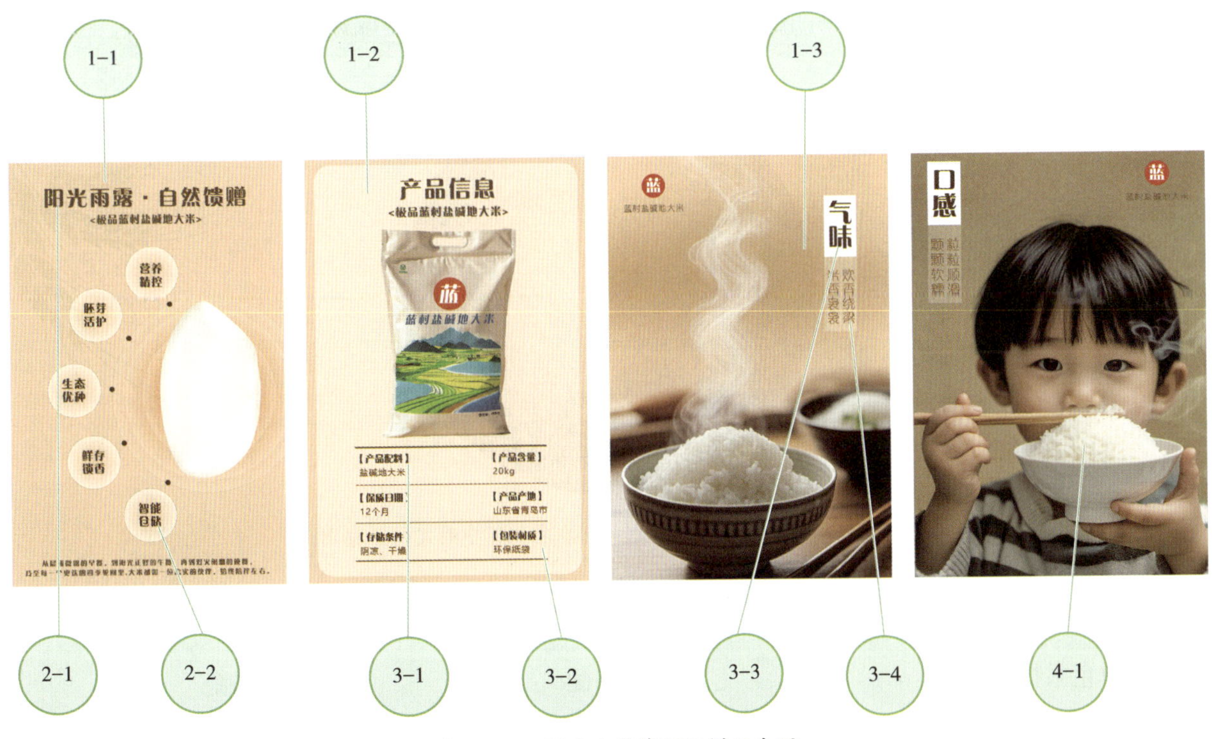

图 2-1-2　原产品详情页取样示意图

表 2-1-7　　原产品详情页色彩分析表

取样点	取样内容	R	G	B	H（色相）	S（明度）	B（饱和度）
1–1	背景主色						
1–2	背景辅色 1						
1–3	背景辅色 2						
2–1	模块标题						
2–2	装饰文字						
3–1	介绍标题 1						
3–2	介绍内容						
3–3	介绍标题 2						
3–4	介绍副标						
4–1	产品高光						

2. 对照图 2–1–2 和表 2–1–7，在图 2–1–3 中的色相环上标注出各取样点的大致位置。

图 2–1–3　原产品详情页取样点在色相环中的定位示意图

3. 根据取样点在色相环中的位置分布关系，勾选原详情页的色彩搭配方式。

□单色系搭配　　□同类色搭配　　□互补色搭配

□分裂互补色搭配　　□正三角搭配　　□四元搭配

（三）判断原产品详情页设计风格、色彩搭配的准确性

1. 小组合作共同梳理判断原详情页的设计风格、色彩搭配的准确性，完成原产品详情页分析思维导图的绘制，如图 2–1–4 所示。

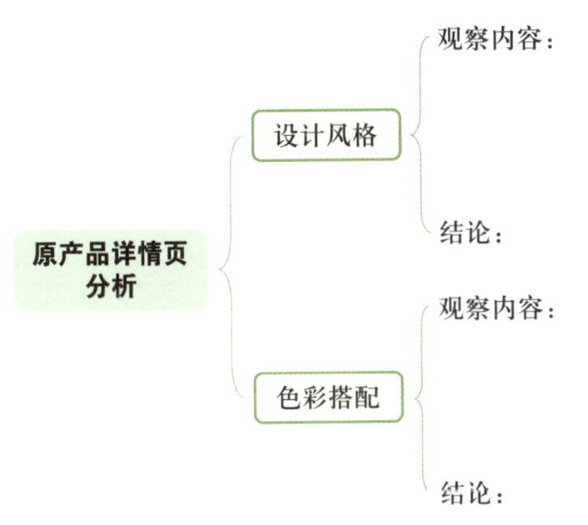

图 2–1–4　原产品详情页分析思维导图

2. 选举代表展示本组的原产品详情页分析思维导图，听取各组汇报，从设计风格、色彩搭配分析的准确性，表述的专业性等方面展开分析，记录优点并提出建议。

____

____

3. 查阅信息页中的评分细则，结合各组代表的汇报表现，完成组间互评，填入表 2–1–8 中，根据反馈意见修改完善。

表 2–1–8　　评价项目 2：原产品详情页分析思维导图评分表

评价项目	评价标准	组间互评（30%）						教师评价（70%）	说明
1. 设计风格分析（共 2 分）	（1）元素特点分析准确，得 1 分								
	（2）设计风格分析准确，得 1 分								
2. 色彩搭配分析（共 2 分）	（1）观察内容填写准确，得 1 分								
	（2）结论分析填写准确，得 1 分								

续表

评价项目	评价标准	组间互评（30%）						教师评价（70%）	说明
3. 专业术语的使用（共1分）	（1）专业术语表述准确，得0.5分								
	（2）专业术语表达流畅，得0.5分								
合计得分（共5分）									
最终得分（组间互评30%+教师评价70%）									
互评人签字：			教师签字：						

四、分析产品图片

（一）分析产品图片存在的问题

1. 查阅信息页中透视关系的相关资料，学习观察图片整体结构和透视关系的方法。

（1）以下关于透视观察方法的描述中，正确的是（　　）。【多选题】

A. 根据产品的轮廓特征，绘制透视线

B. 在透视图中，所有平行线最终都会汇聚到一个或多个消失点

C. 通过透视线和消失点可以构建透视框架

D. 一张图中可以有多条视平线

（2）观察图 2-1-5 所示的产品图片透视关系对比图，透视关系准确的选项是（　　）。【单选题】

a）

b）

图 2-1-5　产品图片透视关系对比图

a）产品图片 1　b）产品图片 2

A. a）　　B. b）

2. 在 Adobe Photoshop 等图片处理软件中观察产品图片，分析整体结构、色调、颜色特点，小组合作共同判断产品图片是否存在透视不准确、曝光过度或不足、偏色等问题。

（1）观察产品轮廓形状，在产品图片上标注可以用于观察透视关系的辅助线，判断产品图片是否存在透视问题，并分析产生的原因，填入表 2-1-9 中。

表 2-1-9　产品图片透视问题分析

分析类别	产品图片	判断方法	存在问题	原因分析
透视			□是　□否	
			□是　□否	
			□是　□否	
			□是　□否	

（2）回顾学习任务一中的色调分析方法，查看产品图片对应的直方图的形状和轮廓分布，判断产品图片是否存在曝光问题，填入表 2-1-10 中。

表 2-1-10　　产品图片曝光问题分析

分析类别	产品图片	明度直方图轮廓	直方图特征	结论
曝光			□左侧堆积 □右侧堆积 □两端缺失 □分布均匀	□曝光准确 □曝光不足 □曝光过度
			□左侧堆积 □右侧堆积 □两端缺失 □分布均匀	□曝光准确 □曝光不足 □曝光过度
			□左侧堆积 □右侧堆积 □两端缺失 □分布均匀	□曝光准确 □曝光不足 □曝光过度
			□左侧堆积 □右侧堆积 □两端缺失 □分布均匀	□曝光准确 □曝光不足 □曝光过度

（3）从产品图片的高光、暗部、中间调选择三个点，使用吸管工具吸取颜色，记录并比对 RGB 色值，判断产品图片是否存在偏色问题，填入表 2-1-11 中。

表 2-1-11　　产品图片偏色问题分析

分析类别	产品图片	高光	暗部	中间调	RGB 色值分析	偏色情况
偏色		R: G: B:	R: G: B:	R: G: B:	□相近 □____偏大	□不偏色 □偏____色

续表

分析类别	产品图片	高光	暗部	中间调	RGB 色值分析	偏色情况
偏色		R： G： B：	R： G： B：	R： G： B：	□相近 □____偏大	□不偏色 □偏 ___ 色
		R： G： B：	R： G： B：	R： G： B：	□相近 □____偏大	□不偏色 □偏____色
		R： G： B：	R： G： B：	R： G： B：	□相近 □____偏大	□不偏色 □偏____色

（4）逐条梳理以上对产品图片存在的透视、曝光、偏色等问题的分析情况，填入表 2-1-12 中。

表 2-1-12　　产品图片素材透视、曝光、偏色分析记录

产品图片	分析内容	分析结果
	透视	□透视准确　□透视不准
	曝光	□曝光准确　□曝光不足　□曝光过度
	偏色	□不偏色　　□偏____色
	透视	□透视准确　□透视不准
	曝光	□曝光准确　□曝光不足　□曝光过度
	偏色	□不偏色　　□偏____色

续表

产品图片	分析内容	分析结果
	透视	□透视准确　□透视不准
	曝光	□曝光准确　□曝光不足　□曝光过度
	偏色	□不偏色　□偏____色
	透视	□透视准确　□透视不准
	曝光	□曝光准确　□曝光不足　□曝光过度
	偏色	□不偏色　□偏____色

3. 放大图片观察产品各部位的细节特征，圈画瑕疵集中的区域，填入表 2-1-13 中。

表 2-1-13　　产品图片瑕疵分析记录

产品图片	瑕疵类型	形态	特征
	□杂质　□污点 □裂痕　□缺损 □其他________	□点状　□线状 □块状　□带状 □其他____	□大面积　□小面积 □有纹理　□无纹理 □连续　□不连续
	□杂质　□污点 □裂痕　□缺损 □其他________	□点状　□线状 □块状　□带状 □其他____	□大面积　□小面积 □有纹理　□无纹理 □连续　□不连续
	□杂质　□污点 □裂痕　□缺损 □其他________	□点状　□线状 □块状　□带状 □其他____	□大面积　□小面积 □有纹理　□无纹理 □连续　□不连续
	□杂质　□污点 □裂痕　□缺损 □其他________	□点状　□线状 □块状　□带状 □其他____	□大面积　□小面积 □有纹理　□无纹理 □连续　□不连续

（二）分析产品图片主体特征

1. 查阅信息页中产品图片主体的选择及特征分析的相关资料，学习产品图片主体特征的分析方法，完成以下问题。

（1）在图 2-1-6 中，（　　）选项的主体外轮廓最为清晰。【单选题】

a)　　b)　　c)　　d)

图 2-1-6　主体轮廓分析案例图

a）玩具主体图　b）鸡蛋主体图　c）云朵主体图　d）大蒜主体图

A. a）　　B. b）　　C. c）　　D. d）

（2）在图 2-1-7 中，主体轮廓不规则且为半透明材质是（　　）。【单选题】

a)

b)

c)

d)

图 2-1-7　主体轮廓与材质分析案例图

a）玻璃杯主体图　b）草莓场景展示图　c）手表场景展示图　d）冰块主体图

A. a）　　B. b）　　C. c）　　D. d）

2. 根据整体设计方案中的草图设计，标注待抠取的主体部分，分析其轮廓特点和材质类型，完成表 2-1-14 的填写。

表 2-1-14　待抠取主体轮廓、主体材质分析记录

标注待抠取的主体部分	轮廓特征	材质类型和透明度
	□规则轮廓　□不规则轮廓	材质名称：________
	□清晰边缘　□不清晰边缘	□不透明　□半透明　□透明

续表

标注待抠取的主体部分	轮廓特征		材质类型和透明度		
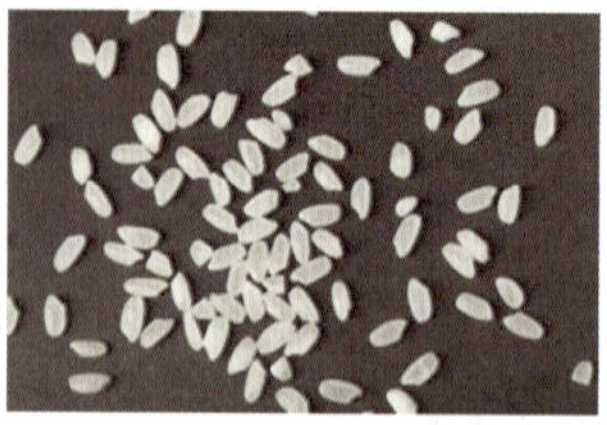	□规则轮廓	□不规则轮廓	材质名称：＿＿＿＿		
	□清晰边缘	□不清晰边缘	□不透明	□半透明	□透明
	□规则轮廓	□不规则轮廓	材质名称：＿＿＿＿		
	□清晰边缘	□不清晰边缘	□不透明	□半透明	□透明
	□规则轮廓	□不规则轮廓	材质名称：＿＿＿＿		
	□清晰边缘	□不清晰边缘	□不透明	□半透明	□透明
	□规则轮廓	□不规则轮廓	材质名称：＿＿＿＿		
	□清晰边缘	□不清晰边缘	□不透明	□半透明	□透明
	□规则轮廓	□不规则轮廓	材质名称：＿＿＿＿		
	□清晰边缘	□不清晰边缘	□不透明	□半透明	□透明

3. 查阅信息页中产品主体与背景色彩差异的相关资料，小组讨论并判断产品图片主体与背景的差异程度。

（1）在图 2-1-8 中，主体清晰、轮廓规则，与背景色差异明显的选项是（　　）。**【单选题】**

a）　　b）　　c）　　d）

图 2-1-8　产品图片主体轮廓与背景色差分析图

a）梳子主体图　b）刀叉主体图　c）瓶子主体图　d）豆子主体图

A. a）　　B. b）　　C. c）　　D. d）

（2）分析待抠取主体与背景的色彩差异，填入表 2-1-15 中。

表 2-1-15　待抠取主体与背景的色彩差异分析记录表

图片素材	背景色	主体与背景的色彩差异
	□纯色背景 □复杂背景	□明显 □不明显
	□纯色背景 □复杂背景	□明显 □不明显
	□纯色背景 □复杂背景	□明显 □不明显

续表

图片素材	背景色	主体与背景的色彩差异
	□纯色背景 □复杂背景	□明显 □不明显
	□纯色背景 □复杂背景	□明显 □不明显
	□纯色背景 □复杂背景	□明显 □不明显

（三）判断产品图片分析的准确性并修改完善

1. 小组合作共同整理产品图片存在的问题、主体特征分析结果，填入表 2–1–16 中，如有需要可在产品图片中进行标注。

表 2-1-16　　产品图片存在问题、主体特征分析记录表

产品图片	透视分析	曝光分析	颜色分析	瑕疵分析	主体特征分析

续表

产品图片	透视分析	曝光分析	颜色分析	瑕疵分析	主体特征分析

2. 选取代表展示本组的产品图片素材存在问题、主体特征分析记录表（见表 2–1–17），听取各组汇报，记录各组对产品主体特征的分析是否准确，准确的画“√”。

表 2–1–17　　产品图片素材主体轮廓、主体材质分析展示表

组名	存在问题分析				主体特征分析	
	透视 分析准确	曝光 分析准确	色彩 分析准确	瑕疵 分析准确	轮廓材质 分析准确	与背景色差分析 准确

3. 查阅信息页中的评分细则，完成组间互评，填入表 2–1–18 中。

表 2–1–18　　评价项目 3：产品图片素材存在问题、主体特征分析评分表

评价项目	评价标准	组间互评 （30%）	教师评价 （70%）	说明
1. 产品图片的问题分析（共 2 分）	（1）产品图片透视分析准确，得 1 分			
	（2）产品图片曝光分析准确，得 0.5 分			
	（3）产品图片色彩分析准确，得 0.5 分			
2. 瑕疵位置判断和瑕疵面积标注（共 1 分）	（1）瑕疵位置判断准确，得 0.5 分			
	（2）瑕疵面积标注准确，得 0.5 分			
3. 待抠取主体的分析（共 2 分）	（1）待抠取主体特征分析准确，得 1 分			
	（2）待抠取主体与背景色差分析准确，得 1 分			
合计得分（共 5 分）				
最终得分（组间互评 30%+ 教师评价 70%）				
互评人签字：		教师签字：		

学习环节二　制订计划

学习目标

1. 能以小组合作的形式分析不同图片问题处理和主体抠取合成的先后顺序，梳理产品图片的后期合成处理流程，绘制流程图。

2. 能以小组合作的形式分析产品图片主体抠取案例的主体特征、背景色差，归纳提炼不同主体特征所对应的主体选取方式、抠取方法，以及合成处理的方式、流程，所使用的工具，填写产品图片常用主体抠取、合成方式梳理表，确保分析提炼内容准确。

3. 能以小组合作的形式根据素材图片存在的透视、曝光、色彩、瑕疵等问题，构思可以校正修复现有问题的工具；根据产品图片的主体特征和色彩对比关系，参考同类案例的处理方法，列举可用的主体抠取方式；梳理产品图片后期合成流程，整理产品图片透视校正、色调调整、瑕疵修复、主体抠取、整体合成的方式和工具，制定后期合成方案，确保图片处理思路清晰、严谨，方案可执行。

建议学时

6 学时

学习要求

序号	学习步骤	学习内容	学时	备注
1	梳理产品图片后期合成流程	**实践知识：** 产品图片后期合成流程的制定 **理论知识：** 图片后期合成流程	1	

续表

序号	学习步骤	学习内容	学时	备注
2	归纳、提炼常用主体抠取、合成方式、工具和方法	**实践知识：** （1）产品图片不同特征主体的抠取流程、使用工具的梳理 （2）产品图片常见合成处理的流程、使用工具的梳理 **理论知识：** （1）产品图片后期合成的概念、作用、注意事项及类型 （2）产品图片的常用合成流程、工具 **能力素养：** 信息处理能力	3	
3	制定产品图片后期合成方案	**实践知识：** （1）匹配产品图片存在问题的修复方式、工具的列举 （2）匹配产品图片特征的主体抠取、合成方式的构思 （3）产品图片后期合成方案的制定 **理论知识：** （1）常用图片问题校正、瑕疵修复的方式、工具 （2）常用主体抠取、合成的方式、工具	2	

一、梳理产品图片后期合成流程

（一）梳理案例视频中的后期合成流程

1. 观看产品后期合成案例视频，完成以下问题。

（1）下列关键步骤的顺序是：____________________

1）图片问题的校正　　2）图片素材主体的抠取　　3）图片素材主体的拖入

4）图片素材整体色调的调整　　5）主体素材大小、位置的调整

6）图层样式的添加　　7）文字素材的拖入

（2）你认为哪几个步骤可以互换顺序，为什么？

____

____

2. 小组讨论产品图片后期合成案例视频中产品图片问题的处理、主体的抠取、素材合成等关键步骤，梳理实物产品后期合成处理流程。

（1）观察图 2-2-1 所示的问题处理关键步骤，正确的顺序是：____________________

____

（2）再次观看产品后期合成案例视频，梳理产品后期合成处理流程，将图 2-2-2 中的内容补充完整。

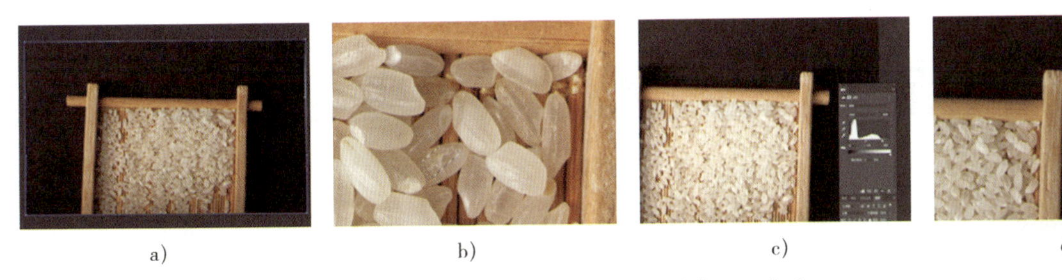

a) b) c) d)

图 2-2-1 问题处理关键步骤示意图
a）校正透视 b）修复瑕疵 c）校正偏色 d）校正曝光

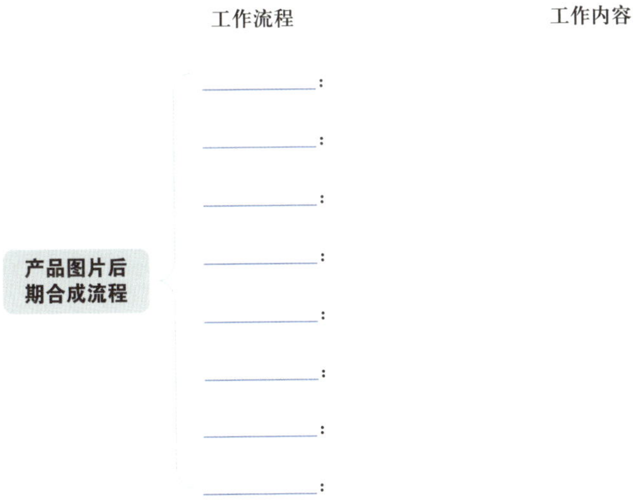

工作流程 工作内容

产品图片后期合成流程

________：
________：
________：
________：
________：
________：
________：
________：

图 2-2-2 产品图片后期合成流程图

（二）分析产品图片后期合成流程图的可行性并优化完善

1. 各组选派代表展示产品图片后期合成处理流程图，认真听取各组汇报，从整体框架的完整性、制作流程的逻辑性、表述的专业性等方面展开分析，记录优点，并提出建议。

____

____

2. 借鉴各组汇报的优点，记录本组图片后期合成处理流程图存在的问题，小组合作共同进行修改完善。

____

____

二、归纳、提炼常用主体抠取、合成方式、工具和方法

（一）分析案例主体特征、主体的抠取方式、工具和方法

1. 观看产品图片常用主体抠取方式微课视频，小组合作共同分析案例中抠取主体特征、与背景的色彩差异，填入表 2-2-1 中。

表 2-2-1　　常见主体抠取案例中主体特征分析

微课素材	主体轮廓特点	主体材质特点	与背景的色彩差异
	□规则轮廓 □不规则轮廓	材质名称 ________	□纯色背景 □复杂背景
	□清晰边缘 □不清晰边缘	□透明　□半透明 □不透明	□色差明显 □色差不明显
	□规则轮廓 □不规则轮廓	材质名称 ________	□纯色背景 □复杂背景
	□清晰边缘 □不清晰边缘	□透明　□半透明 □不透明	□色差明显 □色差不明显
	□规则轮廓 □不规则轮廓	材质名称 ________	□纯色背景 □复杂背景
	□清晰边缘 □不清晰边缘	□透明　□半透明 □不透明	□色差明显 □色差不明显
	□规则轮廓 □不规则轮廓	材质名称 ________	□纯色背景 □复杂背景
	□清晰边缘 □不清晰边缘	□透明　□半透明 □不透明	□色差明显 □色差不明显
	□规则轮廓 □不规则轮廓	材质名称 ________	□纯色背景 □复杂背景
	□清晰边缘 □不清晰边缘	□透明　□半透明 □不透明	□色差明显 □色差不明显

续表

微课素材	主体轮廓特点	主体材质特点	与背景的色彩差异
	□规则轮廓 □不规则轮廓	材质名称 ________	□纯色背景 □复杂背景
	□清晰边缘 □不清晰边缘	□透明　□半透明 □不透明	□色差明显 □色差不明显

2. 小组合作共同梳理不同特征主体所对应的抠取流程、使用工具、首选对象等相关信息。

（1）微课视频中的案例都使用了哪些主体抠取工具？

□套索工具　□路径工具　□色彩范围　□蒙版工具　□快速选择工具

□图层样式　□通道工具　□矩形选框工具　□其他________

（2）再次观看微课视频，小组合作共同归纳案例中不同特征主体的抠取流程、使用工具、应用位置，填入表 2-2-2 中。

表 2-2-2　　常用主体抠取方法分析

案例图片	抠取流程	使用工具	应用位置
	例：沿边缘描画，复制主体	多边形套索工具	☑主体 □背景

续表

案例图片	抠取流程	使用工具	应用位置

（二）分析案例使用的合成方式、工具和方法

1. 查阅信息页中产品图片后期合成的相关资料，总结产品图片后期合成的概念、作用、注意事项，根据图片合成中的主体关系判断合成方式，思考产品图片后期合成的工作内容、功能、注意事项及分类，完成以下问题。

（1）（　　）属于产品图片后期合成的工作内容。【多选题】

A. 图片主体抠取与处理　　B. 颜色调整与匹配

C. 文案撰写　　D. 光影处理与场景合成

（2）（　　）可以通过产品图片后期合成技术实现。【多选题】

A. 提升产品质感与立体感

B. 优化产品展示环境

C. 突出产品特点与优势

D. 增加产品视觉吸引力与创意性

E. 提高产品展示页面加载速度与用户体验

（3）以下关于产品图片后期合成的说法中，正确的是（　　）。【单选题】

A. 无需考虑产品与背景之间的色彩协调

B. 可以随意改变产品的形状和比例，以追求视觉效果

C. 准确还原产品的真实质感，同时确保整体画面的和谐统一

D. 只需关注产品的正面展示，无需考虑其他角度或细节

（4）根据不同产品图片合成类型的知识，填写表 2-2-3。

表 2-2-3　产品图片后期合成判断分析

合成案例	遮挡关系	透视关系	比例关系	光影关系	特效	合成方式
	□有 □无	□有 □无	□有 □无	□有 □无	□有 □无	□拼接 □层叠 □融图 □排列
	□有 □无	□有 □无	□有 □无	□有 □无	□有 □无	□拼接 □层叠 □融图 □排列
	□有 □无	□有 □无	□有 □无	□有 □无	□有 □无	□拼接 □层叠 □融图 □排列

续表

合成案例	遮挡关系	透视关系	比例关系	光影关系	特效	合成方式
	□有 □无	□有 □无	□有 □无	□有 □无	□有 □无	□拼接 □层叠 □融图 □排列
	□有 □无	□有 □无	□有 □无	□有 □无	□有 □无	□拼接 □层叠 □融图 □排列

2. 查阅信息页中的产品图片后期合成案例，小组合作共同梳理案例中的合成方式、合成流程、使用工具，填入表 2-2-4 中。

表 2-2-4　　产品图片后期合成案例中的合成流程、使用工具梳理

合成案例	合成方式	合成流程	使用工具
例：	拼接	1. 将抠取素材置于同一文件中 2. 通过缩放、移动、紧贴排布进行排版	移动工具、自由变换工具、图层样式工具
	□拼接 □层叠 □融图 □排列		
	□拼接 □层叠 □融图 □排列		

续表

合成案例	合成方式	合成流程	使用工具
	□拼接 □层叠 □融图 □排列		
	□拼接 □层叠 □融图 □排列		
	□拼接 □层叠 □融图 □排列		

（三）归纳不同主体抠取、合成方式并进行难度排序

小组讨论表 2-2-2 和表 2-2-4 中具有相似特征，使用相似主体抠取、合成方式的案例，按照难度递增顺序进行梳理，填入表 2-2-5 中。

表 2-2-5 产品图片常用主体抠取、合成方式梳理

难度等级	观察项	主体特征	抠取流程	使用工具	应用位置
1	轮廓	□规则 □不规则			□主体 □背景
	边缘	□清晰 □不清晰			
	背景	□纯色 □复杂			
	与背景色差	□明显 □不明显			
	材质特征	□透明 □不透明 □半透明			

续表

难度等级	观察项	主体特征	抠取流程	使用工具	应用位置
2	轮廓	□规则 □不规则			□主体 □背景
	边缘	□清晰 □不清晰			
	背景	□纯色 □复杂			
	与背景色差	□明显 □不明显			
	材质特征	□透明 □不透明 □半透明			
3	轮廓	□规则 □不规则			□主体 □背景
	边缘	□清晰 □不清晰			
	背景	□纯色 □复杂			
	与背景色差	□明显 □不明显			
	材质特征	□透明 □不透明 □半透明			
4	轮廓	□规则 □不规则			□主体 □背景
	边缘	□清晰 □不清晰			
	背景	□纯色 □复杂			
	与背景色差	□明显 □不明显			
	材质特征	□透明 □不透明 □半透明			
5	轮廓	□规则 □不规则			□主体 □背景
	边缘	□清晰 □不清晰			
	背景	□纯色 □复杂			
	与背景色差	□明显 □不明显			
	材质特征	□透明 □不透明 □半透明			
6	轮廓	□规则 □不规则			□主体 □背景
	边缘	□清晰 □不清晰			
	背景	□纯色 □复杂			

续表

难度等级	观察项	主体特征	抠取流程	使用工具	应用位置
6	与背景色差	□明显　□不明显			□主体 □背景
	材质特征	□透明　□不透明 □半透明			

	合成方式	合成流程	使用工具
1	□拼接　□层叠 □融图　□____		
2	□拼接　□层叠 □融图　□____		
3	□拼接　□层叠 □融图　□____		
4	□拼接　□层叠 □融图　□____		

三、制定产品图片后期合成方案

（一）讨论产品图片问题的处理方法，列举用以校正修复现有问题的工具

1. 查阅信息页中产品图片透视校正的相关资料，思考产品图片中的常见问题、观察方法、校正工具。

（1）观看图片素材常见错误透视及其校正方法微课视频，记录视频中产品图片素材常见的几种错误透视，说明其透视问题，并列出校正方法，填入表 2-2-6 中。

表 2-2-6　　图片素材常见错误透视及其纠正方法微课案例分析

案例	存在透视问题	校正流程	校正工具	应用位置
	例： 透视夸张	1. 绘制辅助线 2. 拖拉透视点进行校正	透视变形工具	主体顶点

续表

案例	存在透视问题	校正流程	校正工具	应用位置

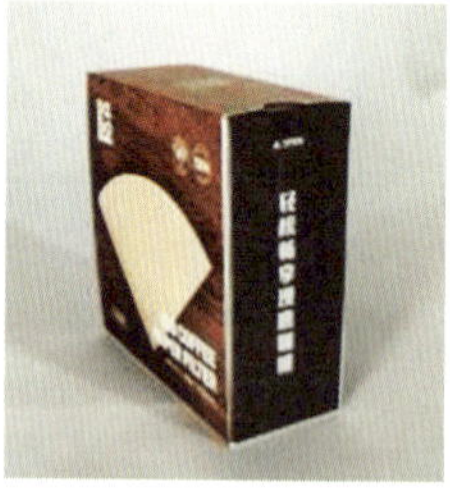				

（2）根据信息页中的产品图片透视校正方法，结合环节一中对图片素材透视关系的分析结果，列举用以校正素材透视关系的流程、工具。

1）借助辅助线观察图 2-2-3 所示的产品包装图，（　　）工具可以用以纠正产品图片的透视关系。**【多选题】**

A. 变形　　B. 透视变形　　C. 操控变形　　D. 镜头校正

E. 自适应广角

图 2-2-3　产品包装图

2）根据信息页中的产品图片透视校正方法，结合学习环节一中对图片素材透视关系的分析结果，列举用以校正素材透视关系的流程、工具，并在产品图片中标出需要校正透视的位置，填入表 2-2-7 中。

表 2-2-7　　产品图片透视校正流程、使用工具、应用位置

产品图片	是否需要校正	透视校正流程	使用工具	应用位置
	□是 □否			
	□是 □否			
	□是 □否			
	□是 □否			

2. 根据图片存在的问题列举用以校正整体画面、修复瑕疵的工具，填入表 2-2-8 中。

表 2-2-8　　校正整体画面、修复瑕疵的工具

处理内容		工具 1	工具 2	工具 3
校正整体画面	曝光	例：曝光度	色阶	曲线
	偏色			

续表

处理内容		工具 1	工具 2	工具 3
修复瑕疵	杂质			
	污点			
	裂痕			
	缺损			

（二）构思产品图片主体抠取、合成方式

1. 根据产品图片待抠取主体特征、与背景色差异程度的分析，列举主体抠取流程、使用工具、应用位置。

（1）如果要选中图 2-2-4 所示的苹果，可以使用（　　）工具快速创建选区。【多选题】

图 2-2-4　苹果选区创建效果图

A. 魔棒　　B. 快速选择

C. 路径　　D. 色彩范围

（2）根据学习环节一中对产品图片待抠取主体特征、与背景色差异程度的分析，在表 2-2-5 中找到相应难度等级主体抠取方式，列举主体抠取流程、使用工具、应用位置，填入表 2-2-9 中。

表 2-2-9　产品图片主体抠取流程、使用工具、应用位置分析

产品图片（标注抠取主体）	对应等级	主体抠取流程	使用工具	应用位置

续表

产品图片（标注抠取主体）	对应等级	主体抠取流程	使用工具	应用位置
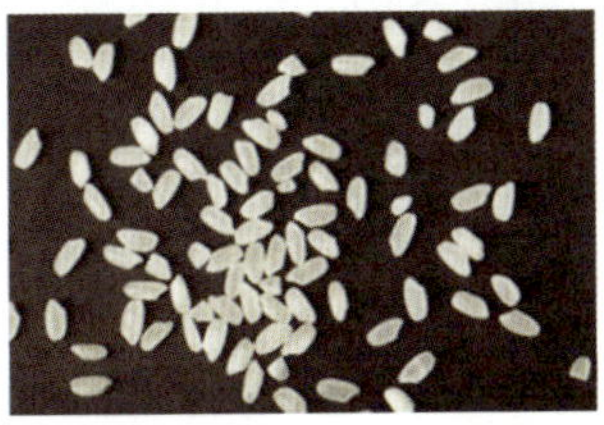				

2. 对照整体设计方案中本模块的设计草图，构思可以使用的合成方式。

（1）图 2-2-5 所示为产品展示模块设计草图，观察各设计元素的遮挡关系、比例关系、光影关系等，并标出可用的合成方式。

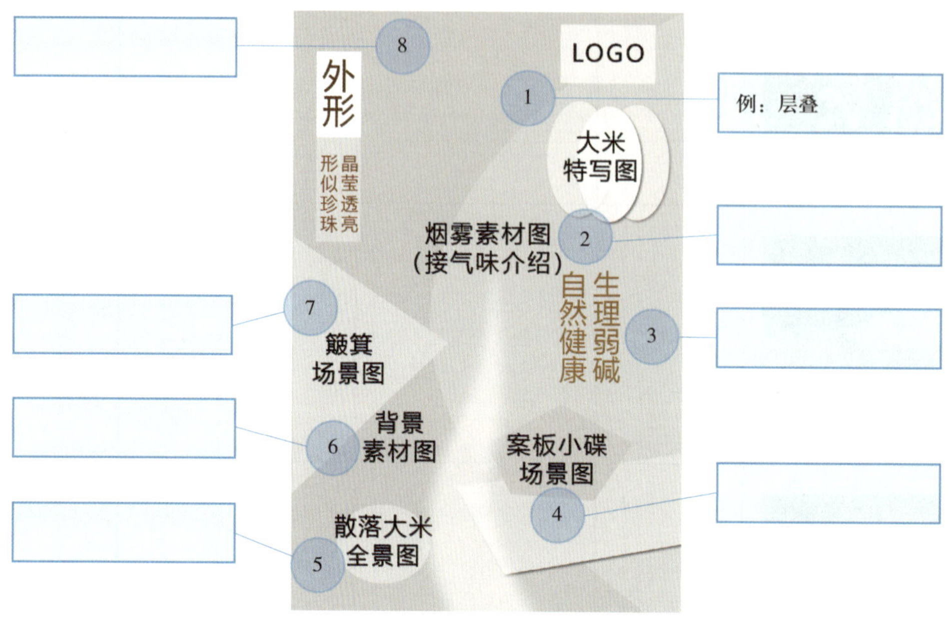

图 2-2-5　产品展示模块设计草图

（2）小组合作共同讨论，梳理产品图片的合成流程、使用工具、应用位置等，填入表 2-2-10 中。

表 2-2-10　　产品图片合成流程、使用工具、应用位置

合成方式	合成流程	使用工具	应用位置	对应素材
例：层叠	1. 置入素材、调整大小 2. 按前后关系错落叠放 3. 添加投影等图层样式	移动工具 缩放工具 图层样式工具	1	背景图.jpg
□拼接 □层叠 □融图 □排列				
□拼接 □层叠 □融图 □排列				

续表

合成方式	合成流程	使用工具	应用位置	对应素材
□拼接 □层叠 □融图 □排列				
□拼接 □层叠 □融图 □排列				

（三）整理汇报并完善产品图片的后期合成方案

1. 小组合作共同整理产品图片的后期合成方案，包括产品图片主体校正、修复方案和主体抠取、合成处理方案等。

（1）梳理校正整体画面、修复瑕疵污点的流程及工具，完成产品图片主体校正整体画面、修复瑕疵方案，填入表 2–2–11 中。

表 2–2–11　　产品图片主体校正整体画面、修复瑕疵方案

产品图片	处理内容	使用工具	应用位置
	透视		
	曝光		
	偏色		
	瑕疵		
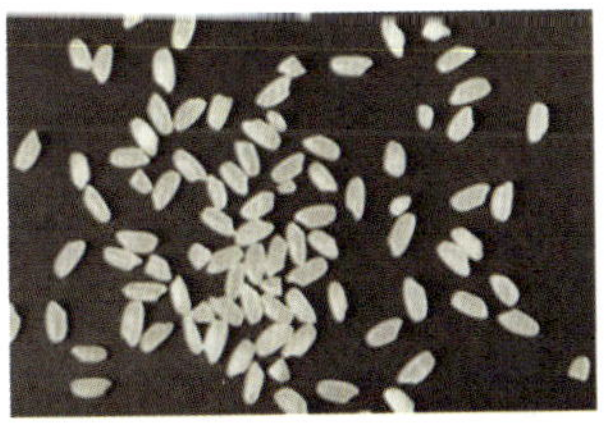	透视		
	曝光		
	偏色		
	瑕疵		
	透视		
	曝光		
	偏色		
	瑕疵		

续表

产品图片	处理内容	使用工具	应用位置
	透视		
	曝光		
	偏色		
	瑕疵		

（2）梳理产品图片主体抠取、合成方式，完成产品图片主体抠取合成方案，填入表 2-2-12 中。

表 2-2-12　产品图片主体抠取合成方案

产品图片（标注抠取主体）	主体抠取流程	抠取工具	合成流程	合成工具

续表

产品图片（标注抠取主体）	主体抠取流程	抠取工具	合成流程	合成工具

2. 选派本组代表展示汇报产品图片的后期合成方案，从制作工具的适配性、应用位置的合理性、表述的专业性等方面记录各组的优点，并提出改进建议。

____

____

3. 查阅信息页中的评分细则，完成组间互评并说明理由，填入表 2-2-13 中。

表 2-2-13　评价项目 4：产品图片后期合成方案评分表

评价项目	评价标准	组间互评（30%）						教师评价（70%）	说明
1. 整体画面校正流程、工具、应用位置的列举（共 2 分）	（1）透视、曝光、偏色校正流程表述准确，得 1 分								
	（2）列举的透视、曝光、偏色校正工具匹配图片存在的问题，得 1 分								
2. 瑕疵修复流程、工具、应用位置的列举（共 2 分）	（1）瑕疵修复流程表述准确，得 1 分								
	（2）列举的修复工具、应用位置匹配图片瑕疵，得 1 分								
3. 主体抠取流程、工具的列举（共 2 分）	（1）主体抠取流程表述准确，得 1 分								
	（2）列举的主体抠取工具匹配主体特征，得 1 分								
4. 设计素材合成流程、工具的列举（共 2 分）	（1）各设计素材合成流程表述准确，得 1 分								
	（2）列举的合成工具匹配草图设计方案，得 1 分								
5. 方案的表述（共 2 分）	（1）思路清晰，得 1 分								
	（2）表达流畅，得 1 分								
合计得分（共 10 分）									
最终得分（组间互评 30%+ 教师评价 70%）									
互评人签字：					教师签字：				

学习环节三　做出决策

学习目标

1. 能以小组合作的形式，查阅产品广告相关法律法规，明确产品图片后期合成应遵循的规范和准则，对比分析不同透视校正、色调调整、瑕疵修复、主体抠取、整体合成方式、工具的优缺点，选定最优后期合成方式和工具，填写产品图片后期合成方式、工具决策表，确保选定的方式、工具较好匹配图片存在的问题、主体特征。

2. 能采用小组汇报的方式，展示并说明产品图片问题校正、瑕疵修复、主体抠取、素材合成策略，认真听取、准确记录教师的反馈意见，根据反馈意见调整优化形成决策表定稿。

建议学时

4 学时

学习要求

序号	学习步骤	学习内容	学时	备注
1	分析方案的可行性	**实践知识：** （1）产品图片素材的透视校正、色调颜色调整、瑕疵修复等最优方式、工具的选择 （2）产品图片主体最优抠取、合成方式、工具的选择 **理论知识：** （1）《中华人民共和国著作权法》中对著作权的相关规定及产品图片版权的适用范围 （2）不同主体抠取方式、工具的适用场景及优缺点 **能力素养：** 信息处理能力	2	

续表

序号	学习步骤	学习内容	学时	备注
2	制定产品图片后期合成策略	**实践知识：** 产品图片后期处理决策表的汇报与说明 **能力素养：** 与人沟通的能力	2	

一、分析方案的可行性

（一）明确产品图片版权的适用范围

1. 查阅《中华人民共和国著作权法》，明确著作权的相关法条、法律责任和执法措施。

（1）以下关于著作权法的表述中，正确的是（　　）。【多选题】

A. 著作权法旨在保护文学、艺术和科学作品作者的著作权及其相关权益

B. 著作权是指作者对其创作的作品享有的专有权利，仅包括财产权

C. 著作权的客体是文学、艺术和科学领域内具有独创性并能以一定形式表现的智力成果

D. 著作权法不适用于所有类型的作品，如官方文件、时事新闻等

E. 著作权的保护期限对自然人和法人或非法人组织是相同的

（2）《中华人民共和国著作权法》中规定的违反著作权的行为一般包括但不限于（　　）。【多选题】

A. 未经著作权人许可，发表其作品的

B. 未经合作作者许可，将与他人合作创作的作品当作自己单独创作的作品发表的

C. 没有参加创作，为谋取个人名利，在他人作品上署名的

D. 歪曲、篡改他人作品的

E. 剽窃他人作品的

F. 未经著作权人许可，以展览、摄制视听作品的方法使用作品，或者以改编、翻译、注释等方式使用作品的

G. 使用他人作品，应当支付报酬而未支付的

H. 未经视听作品、计算机软件、录音录像制品的著作权人、表演者或者录音录像制作者许可，出租其作品或录音录像制品的原件或者复印件的

I. 未经出版者许可，使用其出版的图书、期刊的版式设计的

J. 未经表演者许可，从现场直播或者公开传送其现场表演的，或者录制其表演的

2. 请阅读以下关于图片处理的案例，判断案例中的设计元素和图片素材是否符合授权范围，设计助理的行为是否违法，如有问题应如何整改。

（1）某设计助理为了提高工作效率，没有使用本公司摄影部提供的大米图片素材制作特写照片，而是从竞品详情页的图片中直接抠取过来进行了借用，他认为大米模样都一样，这样操作没有问题。

设计助理的做法是否正确？________________

设计助理的违法行为：________________

设计助理应该如何整改：________________

（2）某设计助理看到网络上某张图片作为背景非常合适，故没有使用本公司摄影部提供的素材制作背景，为了避免设计版权问题，该设计助理还特意使用软件把图片调整略微模糊，但是从整体上看仍能看出原作品的样貌。

设计助理的做法是否正确？________________

设计助理的违法行为：________________

设计助理应该如何整改：________________

（二）对比分析不同方式、工具的适用场景和优缺点

1. 小组合作共同选择最优方式、工具。

（1）观察案例中不同透视校正工具实现的效果，分析不同工具的适用场景。

1）分析表 2-3-1 中案例存在的透视问题和校正效果，选出校正透视的最佳方法。

表 2-3-1　　不同透视校正工具效果对比分析表

校正内容	校正工具 1	校正工具 2	校正工具 3	校正工具 4
存在问题：________	液化工具	镜头校正工具	变换工具	其他：________
	□选用　□不选用	□选用　□不选用	□选用　□不选用	□选用　□不选用

续表

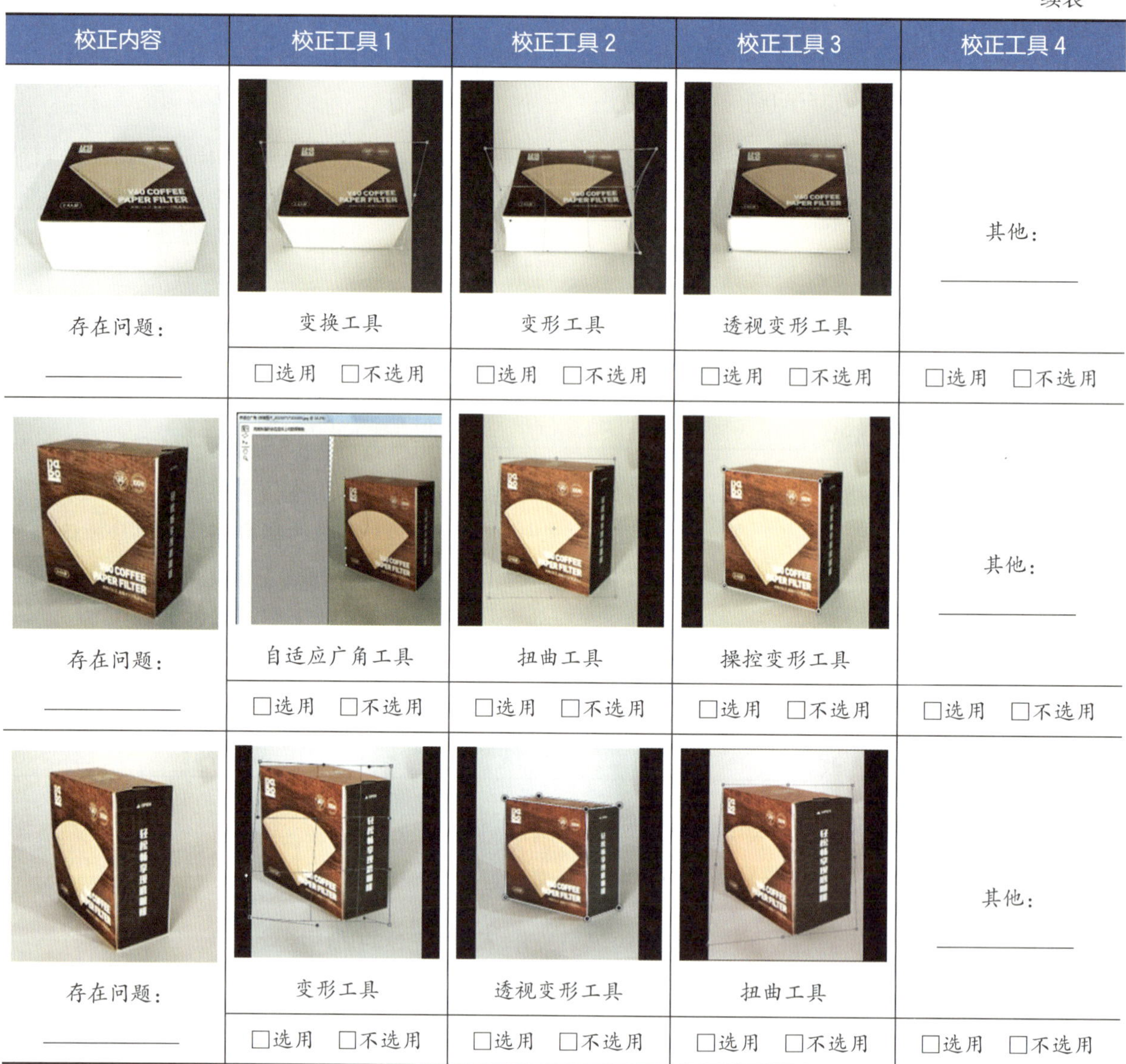

校正内容	校正工具 1	校正工具 2	校正工具 3	校正工具 4
存在问题：________	变换工具	变形工具	透视变形工具	其他：________
	□选用 □不选用	□选用 □不选用	□选用 □不选用	□选用 □不选用
存在问题：________	自适应广角工具	扭曲工具	操控变形工具	其他：________
	□选用 □不选用	□选用 □不选用	□选用 □不选用	□选用 □不选用
存在问题：________	变形工具	透视变形工具	扭曲工具	其他：________
	□选用 □不选用	□选用 □不选用	□选用 □不选用	□选用 □不选用

2）将下列最佳校正工具与产品图片的透视问题进行连线匹配。

最佳校正工具	产品图片的透视问题
透视变形工具	主体自身不平整
操控变形工具	主面、幅面不协调，拍摄角度歪斜
镜头校正工具	焦距选用不当导致的透视畸变
自适应广角工具	边缘歪斜不直

（2）观察案例中不同工具对曝光度的校正效果，分析不同工具的优缺点。

1）观察图 2-3-1 所示的产品（酒）图片案例原图，判断分析使用不同曝光校正工具的效果，选出最佳的校正方法并说明理由，完成表 2-3-2 的填写。

图 2-3-1 产品（酒）图片案例原图

表 2-3-2 不同曝光校正工具效果对比分析

	校正方法 1	校正方法 2	校正方法 3	校正方法 4
效果				
工具	亮度对比度工具	色阶工具	曝光度工具	曲线工具
直方图				
是否选用	□选用 □不选用	□选用 □不选用	□选用 □不选用	□选用 □不选用
理由				

2）通过几种曝光调整工具的使用，使得原图都有了明显的变化，亮度对比度工具的特点是______________，色阶是______________，曝光度是______________，曲线是______________。

（3）观察案例中不同工具对偏色的校正效果，分析不同校正工具的特点。

1）观察图 2-3-2，使用色相 / 饱和度工具和色彩平衡工具校正后，______________，使用色相 / 饱和度工具校正后，______________，使用色阶和曲线工具校正后，______________。

a）

b）

c）

d）

e）

图 2-3-2　产品（酒）图片案例原图及偏色校正效果图

a）原图　b）色相 / 饱和度工具调整后的效果　c）色彩平衡工具调整后的效果

d）色阶工具调整后的效果　e）曲线工具调整后的效果

2）针对产品图片，你认为最佳的偏色校正方法是________________，原因是____。

（4）小组合作对比分析产品图片后期合成方案中主体校正工具的适用场景、优缺点，确定拟选用的工具，填入表 2-3-3 中。

表 2-3-3　　产品图片主体校正工具拟选用分析

校正内容		拟处理流程	拟选用修复工具	选用理由
例：	透视	1. 绘制参考线 2. 使用变形工具调整	变形工具	速度快 操作便捷

续表

校正内容		拟处理流程	拟选用修复工具	选用理由
	透视			
	曝光			
	偏色			
	透视			
	曝光			
	偏色			
	透视			
	曝光			
	偏色			
	透视			
	曝光			
	偏色			

2. 小组合作共同梳理瑕疵修复工具的优缺点，选择最优方式、工具。

（1）分析以下产品图片放大后的细节问题，将图片与可选择的最佳修复工具进行连线匹配。

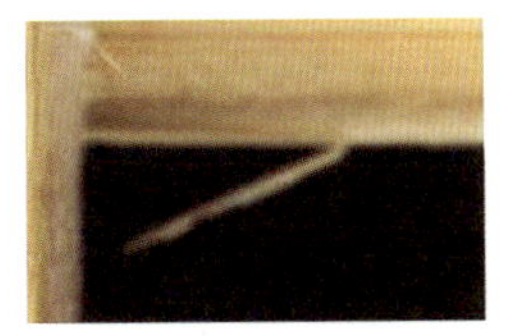

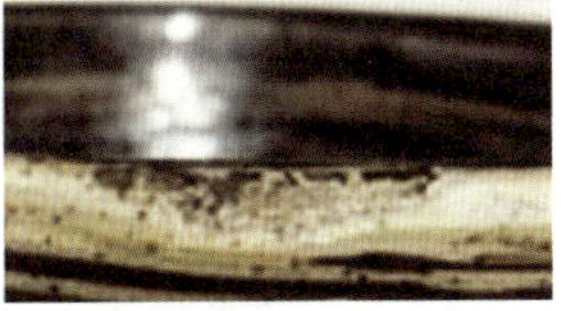

污点修复画笔工具　　修复画笔工具　　仿制图章工具　　修补工具

（2）查看产品图片后期合成方案中的主体瑕疵修复工具，分析其适用场景、优缺点，填入表 2–3–4 中。

表 2-3-4　　产品图片主体瑕疵修复工具对比分析

修复工具	适用场景	优点	缺点
例：仿制图章工具	☑大面积　☑有纹理　☑连续 ☑小面积　☐无纹理　☐不连续	融合度好，不破坏纹理	速度慢，技术有难度
	☐大面积　☐有纹理　☐连续 ☐小面积　☐无纹理　☐不连续		
	☐大面积　☐有纹理　☐连续 ☐小面积　☐无纹理　☐不连续		
	☐大面积　☐有纹理　☐连续 ☐小面积　☐无纹理　☐不连续		
	☐大面积　☐有纹理　☐连续 ☐小面积　☐无纹理　☐不连续		

（3）根据产品图片存在的瑕疵特点，确定最匹配的修复工具，填入表 2-3-5 中。

表 2-3-5　　产品图片主体瑕疵修复流程及工具拟选用分析

修复内容	拟处理流程	拟选用修复工具	选用理由

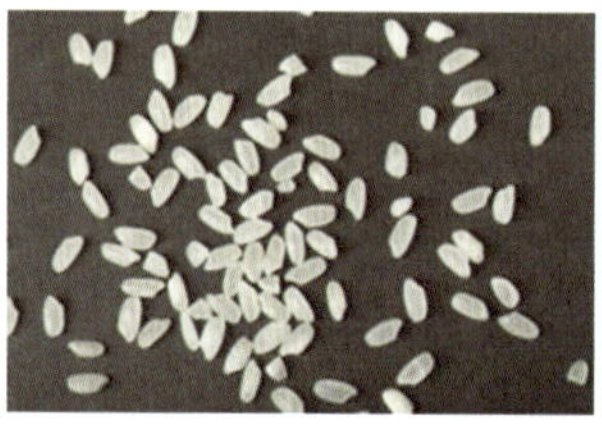			

3. 小组合作共同根据主体特征和不同主体抠取、合成工具的优缺点，选择最优方式、工具。

（1）查阅信息页中不同主体抠取工具特点分析的相关资料，分析不同特征主体对应的最佳抠取工具，完成下方的连线匹配。

最佳抠取工具	不同特征主体
钢笔工具	不规则轮廓、边缘清晰、不透明材质、背景色差不明显、复杂背景
套索工具	规则轮廓、边缘清晰、不透明材质、背景色差不明显、复杂背景
快速选择工具	不规则轮廓、边缘清晰、不透明材质、背景色差明显、纯色背景
蒙版工具	不规则轮廓、边缘清晰、不透明材质、背景色差不明显、复杂背景、不破坏素材
通道工具	不规则轮廓、不清晰边缘、透明材质、背景色差明显、纯色背景

（2）观察并分析图 2-3-3 中产品图片的主体特征，（　　）工具最适合抠取头纱主体。**【单选题】**

图 2-3-3　产品（头纱）图

A. 钢笔　　B. 套索　　C. 快速选择　　D. 通道

想一想

哪一种工具可以随时修改选区？如何修改？

____

____

（3）小组合作共同对比分析产品图片后期合成方案中主体抠取工具的适用场景、优缺点，确定是否选用，填入表 2-3-6 中。

表 2-3-6 产品图片主体抠取流程及工具拟选用分析表

修复内容	拟处理流程	拟选用主体抠取工具	选用理由
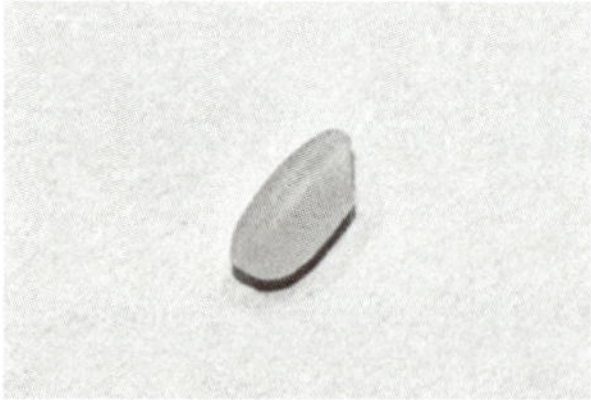			
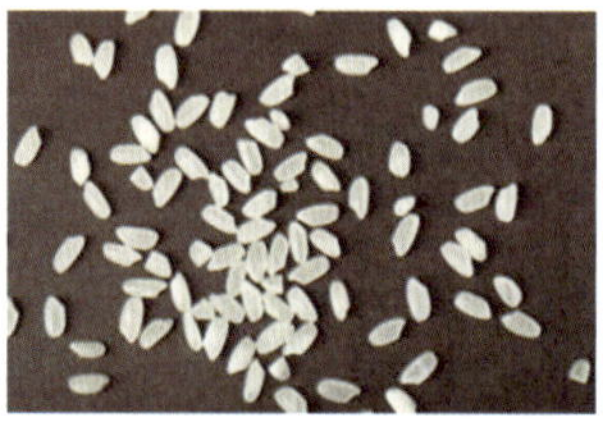			

续表

修复内容	拟处理流程	拟选用主体抠取工具	选用理由

（4）小组合作共同讨论确定产品图片后期合成方案中整理的合成方式和使用工具，将图 2-3-4 补充完整。

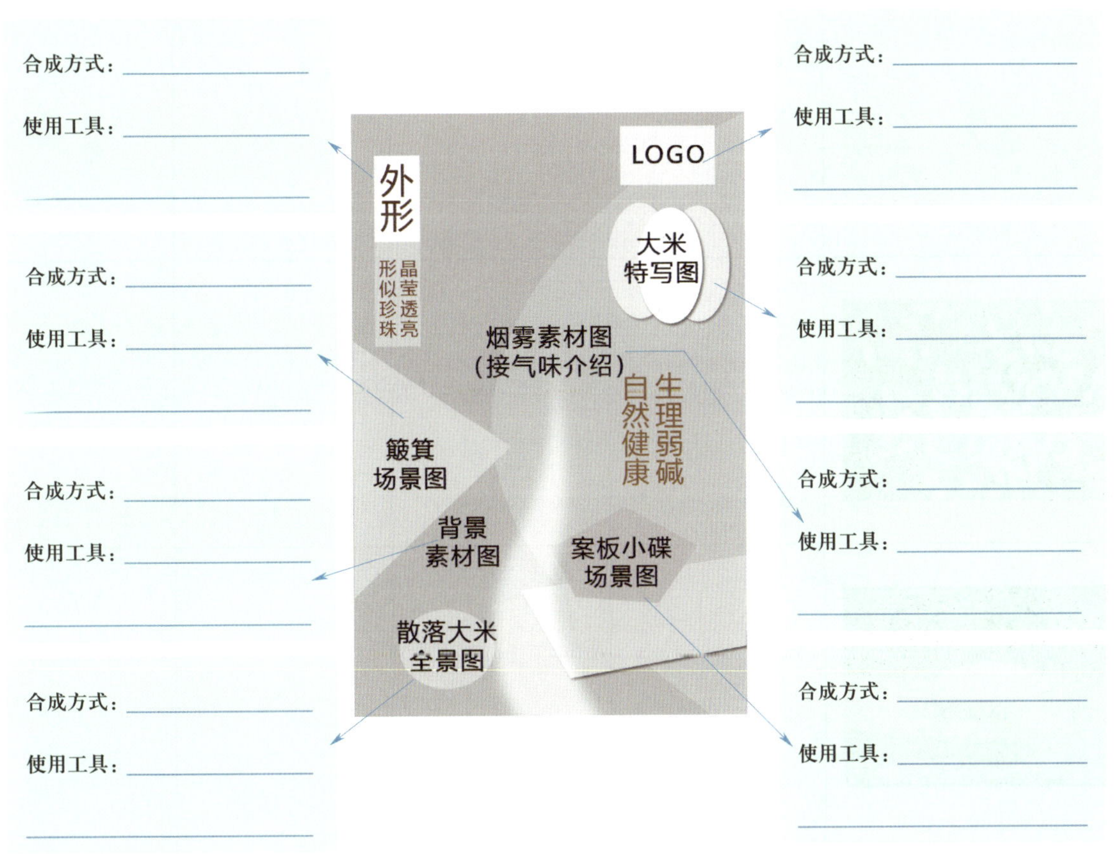

图 2-3-4　合成方式和工具决策示意图

二、制定产品图片后期合成策略

（一）分析产品图片后期合成策略是否为最优

各组选举代表展示本组的表 2-3-3、表 2-3-4、表 2-3-5、表 2-3-6、图 2-3-4，并说明决策理由，及时回答教师及其他小组针对策略表提出的疑问。根据教师和其他小组提出的问题，记录反馈意见并优化完善。

____

____

（二）完善产品图片后期合成策略并形成定稿

1. 以小组为单位，整理最优图片透视校正、色调调整、瑕疵修复、主体抠取、整体合成方式及工具，填入表 2-3-7 中。

表 2-3-7　　产品图片后期合成方式、工具决策表

图片素材	校正流程及工具			修复流程及工具
	透视	曝光	偏色	

续表

抠取内容	抠取流程	抠取工具	合成方式	合成工具

续表

抠取内容	抠取流程	抠取工具	合成方式	合成工具

2. 查阅信息页中的评分细则，完成组间互评，填入表 2-3-8 中。

表 2-3-8　评价项目 5：实物产品图片后期合成方式、工具决策评分表

评价项目	评价标准	组间互评（30%）						教师评价（70%）	说明
1. 最优图片问题校正流程、工具的决策（共 2 分）	（1）透视、曝光、偏色处理流程，工具选择与图片存在问题匹配度最高，得 1 分								
	（2）校正流程、工具决策依据充分、表述准确，得 1 分								
2. 最优图片瑕疵修复流程、工具的决策（共 2 分）	（1）瑕疵修复流程、工具选择与图片存在问题匹配度最高，得 1 分								
	（2）修复流程、工具决策依据充分、表述准确，得 1 分								

续表

评价项目	评价标准	组间互评（30%）						教师评价（70%）	说明
3. 最优图片主体抠取流程、工具的决策（共3分）	（1）主体抠取流程、工具选择与主体特征匹配度最高，得2分；较为匹配，得1分								
	（2）主体抠取流程、工具决策依据充分、表述准确，得1分								
4. 最优图片合成方式、工具的决策（共3分）	（1）合成方式、工具选择与设计方案匹配度最高，得2分；较为匹配，得1分								
	（2）合成方式、工具决策依据充分、表述准确，得1分								
合计得分（共10分）									
最终得分（组间互评30%+教师评价70%）									
互评人签字：		教师签字：							

3. 回顾整个决策过程，总结决策的主要内容、流程与注意事项，遇到的问题、采取的解决方法、最终的结果，本环节表现的优点、不足与改进方式，对方案制定与决策实践进行反思、总结。

______

______

______

学习环节四 实施计划

学习目标

1. 能采用独立工作的方式，依据产品图片透视色调校正策略，使用 Adobe Photoshop 软件中的变换命令组，亮度 / 对比度、色相 / 饱和度等工具校正产品图片素材的透视、曝光、偏色等问题，确保图片透视、曝光正确，色彩真实。

2. 能采用独立工作的方式，依据产品图片瑕疵修复策略，使用仿制图章、修补等工具修复待抠取部分的杂质、污点，场景道具纹理、物品的缺损等瑕疵，确保主体整洁干净、像素过渡平滑。

3. 能采用独立工作的方式，根据产品图片主体抠取策略，使用选择、选区、套索、色彩范围、钢笔等工具，判断抠取方向，设置容差与羽化值，选择合适的布尔运算方式创建选区，抠取出不同特征、不同背景色差的产品主体，自检主体抠取效果并进行完善，确保抠取主体边缘光滑、清晰，细节保留完整，背景去除干净、完整、无瑕疵。

4. 能采用独立工作的方式，综合使用通道、蒙版等工具，判断对比度最强通道并进行调整，载入选区设置适当羽化值，抠取半透明物体等装饰元素，确保半透明物体抠取边缘和透明效果过渡自然、真实。

5. 能采用独立工作的方式，依据产品整体合成策略置入抠取的主体素材、背景图片素材、文字图片素材，整体调整各素材图层的大小位置，确保图文比例、位置符合整体设计方案中的排版要求，使用填充或调整图层统一整体色调，使用蒙版等工具为需要平滑过渡或进行造型的图层添加合适的蒙版，使用图层样式工具对图层添加投影等效果，增强产品展示的立体感和层次感，确保画面色调统一、图片合成融合度高。

建议学时

36 学时

学习要求

序号	学习步骤	学习内容	学时	备注
1	校正整体画面	**实践知识：** （1）透视关系校正工具的使用 （2）曝光、色彩校正程度的把控 **理论知识：** （1）产品图片透视、曝光、偏色校正要求 （2）产品图片素材校正关键技术和注意事项	2	
2	修复待抠取部分的瑕疵	**实践知识：** （1）场景道具纹理、物品缺损部分的修复 （2）缺损修复部分拼接细致度的把控 **理论知识：** （1）产品图片瑕疵修复要求、技术要点和注意事项 （2）产品图片瑕疵修复效果的自检要点	4	
3	抠取产品图片主体	**实践知识：** （1）抠取方向的判断 （2）容差、羽化值的调整 （3）选区布尔运算式的选择 （4）选区修改方式的判断 **理论知识：** （1）常用主体抠取工具的使用方法和参数属性 （2）选区的布尔运算 （3）选区修改的方式及调整方法 **能力素养：** （1）数字技术应用能力 （2）劳动精神	12	
4	抠取装饰元素	**实践知识：** （1）通道工具的使用 （2）对比度最强通道的判断及调整 （3）通道选区羽化值的把控 （4）不同种类蒙版的综合使用 **理论知识：** （1）通道的概念、作用 （2）抠取半透明主体的操作技巧、注意事项 （3）蒙版的创建方法及使用技巧 （4）不同材质物体结构层次的分析方法 **能力素养：** 数字技术应用能力	12	

续表

序号	学习步骤	学习内容	学时	备注
5	整体调整、合成素材	**实践知识：** （1）素材图层的置入与排序 （2）各素材图层位置、大小的把控 （3）色调一致性的把控 （4）图层样式等工具的使用 （5）图层样式的选择 （6）图层样式参数的把控 **理论知识：** （1）填充或调整图层的种类及使用方法 （2）图层样式的概念、作用 （3）图层样式的种类、属性 （4）蒙版工具在图片合成中的使用技巧 （5）图片合成的技术要点 **能力素养：** 数字技术应用能力	6	

一、校正整体画面

（一）校正产品图片存在的问题

1. 学习透视观察方法和校正技巧，校正产品图片的透视问题。

（1）观看 Adobe Photoshop 软件中图片透视校正工具的使用技巧微课视频，整理相关知识，填入表 2-4-1 中。

表 2-4-1　　产品图片透视校正工具的使用技巧记录表

透视校正工具	使用方法	注意事项
变换工具		
透视变形工具		
自适应广角工具		
镜头校正工具		
液化工具		

（2）如图 2-4-1 所示，在校正产品图片透视关系时，应该调整哪几个位置？在图 2-4-1 中做出标记，并使用箭头在圆圈内标出需要调整的方向。

图 2-4-1　透视关系调整案例

（3）根据产品图片后期合成方式、工具决策表中的透视校正部分，校正产品图片的透视问题，实时观察校正效果，确保透视准确，储存优化透视后的素材源文件，命名为“校正透视后的素材源文件”，并记录操作步骤和优化方法，填入表 2-4-2 中。

表 2-4-2　校正透视操作记录表

类别	内容	操作要点
校正整体画面	透视	1. 使用__________工具，围绕待抠取主体创建水平参考线、垂直参考线，或使用__________工具，创建网格辅助实时观察 2. 使用__________工具拖拽控制点 / 边，逐步调整透视，多次与原图进行对比，保持物体比例符合实际 3. 如果产品边缘出现外鼓或凹陷变形，可使用__________工具进行校正 4. 如果产品内部出现变形，可使用__________工具进行校正

2. 回顾学习任务一中曝光、偏色的校正方法，校正产品图片存在的曝光、偏色问题。

（1）通过表格梳理、案例演练，明确观察方法、校正流程、使用工具、操作技巧、注意事项。

1）梳理曝光、偏色的校正工具、使用技巧、注意事项，填入表 2-4-3 中。

表 2-4-3　校正工具的使用技巧和注意事项

校正内容	校正工具	使用技巧	注意事项
曝光	例：曲线工具	向上拉动斜线提亮图片，增加曝光 向下拉动斜线调暗图片，减少曝光	细微、渐进的调整 打开预览功能，实时观察
	Camera Raw		
	亮度 / 对比度		

续表

校正内容	校正工具	使用技巧	注意事项
曝光	曝光度		
	色阶		
偏色	Camera Raw		
	色彩平衡		
	色相 / 饱和度		
	可选颜色		

2）观察图 2-4-2 存在的曝光问题，在使用图 2-4-3 所示的 Camera Raw 调节面板为其调整曝光后，记录调整参数：曝光__________、对比度__________、高光__________、阴影__________、白色__________、阴影__________。

图 2-4-2　曝光问题调整案例

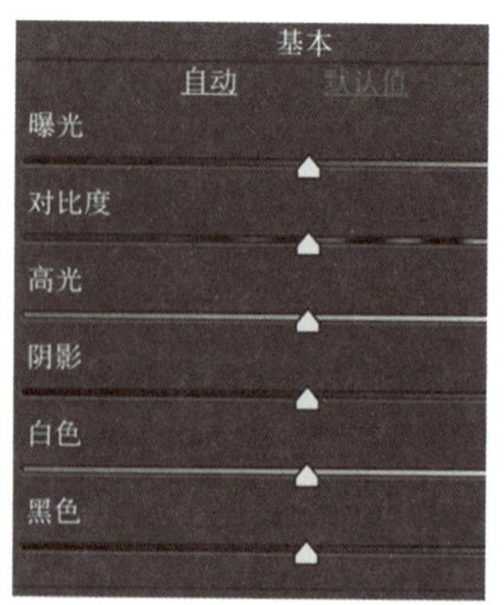

图 2-4-3　Camera Raw 调节面板

3）观察图 2-4-4 存在的偏色问题，尝试使用色相 / 饱和度调节面板（见图 2-4-5）时，应该将色相属性数值调整至约为（　　）。【单选题】

图 2-4-4　偏色问题调整案例

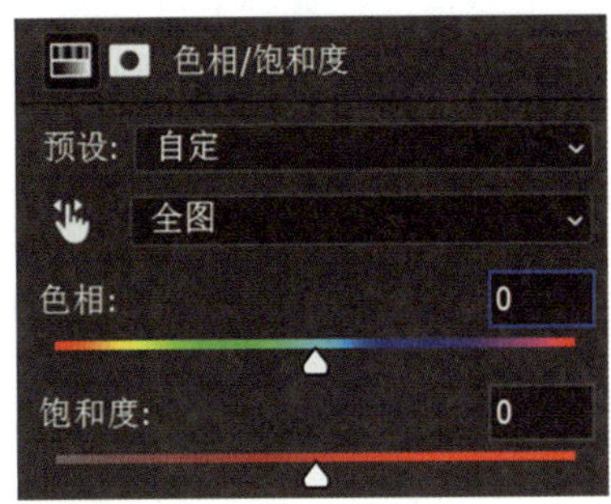

图 2-4-5　色相 / 饱和度调节面板

A. -100 ~ -50　　B. -50 ~ 0

C. 10 ~ 50　　D. 50 ~ 100

（2）根据产品图片曝光、偏色校正策略，使用相应的工具校正产品图片存在的曝光、偏色问题，记录操作要点，填入表 2-4-4 中。

表 2-4-4　　校正曝光、偏色操作要点记录表

类别	内容	操作要点
校正整体画面	曝光	1. 使用______工具可以调整整体曝光度，将参数______设置为______ 2. 使用______工具可以调整阴影、中间调和高光的强度，将参数设置为______ 3. 使用______实时观察图片的曝光情况
	偏色	1. 使用______工具可以调整整体色调，将参数______设置为______ 2. 使用______工具可以调整青色、洋红、黄色的数值，将参数设置为______ 3. 使用______实时观察图片的色调情况

（二）检查校正效果并修改完善

1. 借助直方图、色值对比等观察方式，自检曝光、偏色校正效果，记录自检结果并进行优化，校正图片素材的曝光、偏色等问题，实现色调真实。

（1）查阅信息页中产品图片透视、曝光、偏色自检方法的相关资料，观察表 2-4-5 中的示例图片，判断其是否已校正准确。

（2）自检透视、曝光、偏色的校正效果，记录自检结果并进行优化，填入表 2-4-6 中，对文件进行保存，并命名为“校正后的产品图片源文件”。

表 2-4-5　　产品图片校正自检方法分析表

示例图片		透视自检	曝光自检	偏色自检
校正前效果		方法：	方法：	方法：
校正后效果		结果： □透视准确 □整体变形 □局部变形 变形部位______	结果： □曝光准确 □曝光不足 □曝光过度	结果： □不偏色 □偏____色

表 2-4-6　　校正整体画面修改意见

类别	内容	自检方式	自检结果	优化方式
校正整体画面	透视		□透视准确 □整体变形 □局部变形 变形部位______	
	曝光		□曝光准确 □曝光不足 □曝光过度	
	偏色		□不偏色 □偏____色	

2. 评价校正效果，修改完善并反思总结。

（1）在组内展示产品图片校正效果，分析记录图片校正的优点和教师、同学提出的建议，并依据建议整理修改计划。

____

____

（2）与组内成员共同梳理校正关键技术和注意事项，从产品图片校正的要求、关键技术、操作要点角度，完成产品图片整体校正思维导图的绘制，如图 2-4-6 所示。

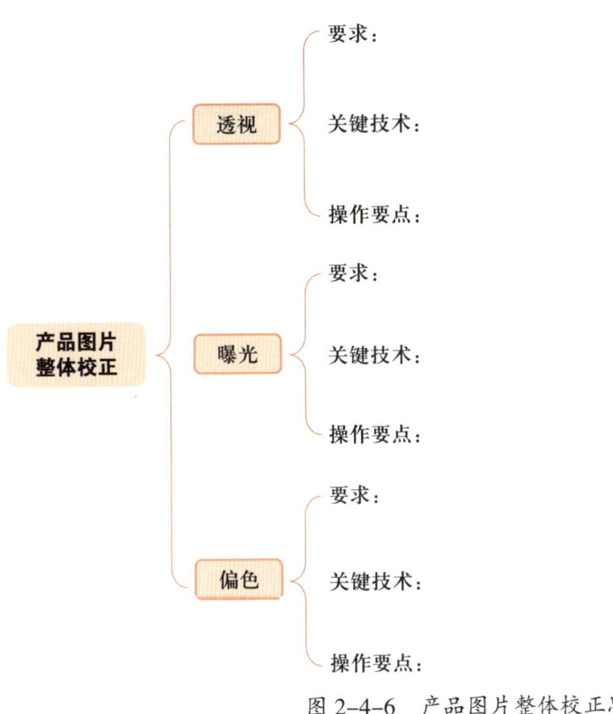

图 2-4-6　产品图片整体校正思维导图

想一想

如何将没有透视效果的照片主体通过软件制作出透视效果，从而表现空间感和深度感？

____

____

二、修复待抠取部分的瑕疵

（一）修复待抠取部分的瑕疵，实现主体部分整洁干净

1. 回顾学习任务一中瑕疵修复工具的使用技巧和注意事项，梳理不同瑕疵修复的操作步骤和工具的使用方法。

（1）梳理产品图片瑕疵修复工具的使用技巧和注意事项，填入表 2-4-7 中。

表 2-4-7　产品图片瑕疵修复工具分析

类别	工具	使用技巧	注意事项
修复瑕疵	例：污点修复画笔工具	调整画笔大小和硬度，应略大于修复区域	避免在复杂区域使用过大画笔，导致出现多余内容
	修复画笔工具		

续表

类别	工具	使用技巧	注意事项
修复瑕疵	修补工具		
	内容感知移动工具		
	仿制图章工具		

（2）根据不同瑕疵修复工具的使用方法和技巧，将“污点修复画笔工具”“修复画笔工具”“修补工具”填入以下相应的空白横线处，并补全操作要点。

1）____________：在需要修补的位置创建选区，拖动鼠标至图片中颜色相近的位置，释放鼠标，按组合键________取消选区。

2）____________：单击鼠标左键并拖拽，然后释放鼠标左键，即可将污点修复。

3）____________：按住________键的同时，单击鼠标左键在需要修复污点部分的周围进行取样；释放________键，在需要修补的地方按住鼠标左键并拖拽进行污点修复。

（3）如需修复图 2-4-7 所示的裂痕，应该使用哪些瑕疵修复工具？具体的操作步骤是什么？

____

____

____

图 2-4-7　瑕疵修复案例图

2. 根据产品图片后期合成方式、工具决策表中的瑕疵修复部分，选择相应工具修复产品图片主体的杂质、污点、裂痕 、缺损等瑕疵，记录操作过程，确保产品图片干净整洁、修复部分像素过渡平滑，填入表 2-4-8 中。

表 2-4-8 修复产品图片主体的操作要点分析

类别	内容	操作要点
修复产品图片主体	杂质	例：如杂质较小，设置污点修复画笔工具的大小略大于杂质，单击杂质中心；如杂质较大，使用修补画笔工具，圈出杂质区域，拖移复制干净部分
	污点	
	裂痕	
	缺损	

（二）检查待抠取部分瑕疵修复效果并完善总结

1. 自检细节部分瑕疵修复效果，判断主体是否整洁干净，修复部分与主体其他部分像素过渡是否平滑，记录存在的问题，填入表 2-4-9 中。

表 2-4-9 产品图片瑕疵修复效果自检记录表

素材图片	不平滑部位	瑕疵遗漏部位	是否合格	优化方式
	□无 □有______处	□无 □有______处	□是 □否	
	□无 □有______处	□无 □有______处	□是 □否	
	□无 □有______处	□无 □有______处	□是 □否	
	□无 □有______处	□无 □有______处	□是 □否	

2. 总结产品图片瑕疵修复的关键技术和技巧，完成产品图片瑕疵修复思维导图的绘制，如图 2-4-8 所示。

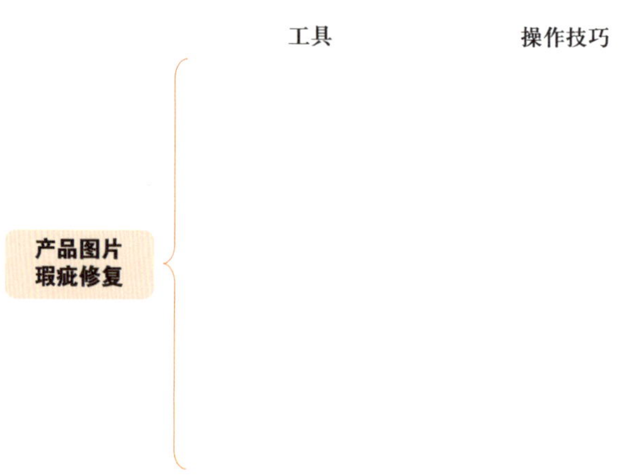

图 2-4-8 产品图片瑕疵修复思维导图

三、抠取产品图片主体

（一）梳理产品图片主体抠取的相关知识和技能

1. 观看 Adobe Photoshop 软件中常用主体抠取工具的使用微课视频，记录主体抠取工具的属性功能、使用方法和注意事项，填入表 2-4-10 中。

表 2-4-10 产品图片常用主体抠取工具的属性功能、使用方法和注意事项记录表

工具	属性功能	使用方法	注意事项
例： 魔棒工具	1. 容差：设置颜色选取范围 2. 连续：是否只选择直接相邻的颜色相似区域 3. 抗锯齿：是否平滑选区边缘 4. 模式：选区的布尔运算	1. 设置合适的容差值，根据实际选择连续、消除锯齿 2. 单击选取颜色区域	1. 根据图像颜色差异调整容差值 2. 先设置魔棒属性后选取主体 3. 缩放视图选取细节
快速选择工具			
套索工具			
色彩范围工具			

续表

工具	属性功能	使用方法	注意事项
钢笔工具			
选框工具			
通道工具			
蒙版工具			

2. 学习不同主体抠取工具的使用方法，在具体问题中进行分析与应用，完成以下问题。

（1）以下关于快速选择工具、魔棒工具、羽化工具的参数属性的说法中，错误的是（　　）。【多选题】

A. 使用快速选择工具时，可以调整画笔大小来控制选择的精度

B. 使用魔棒工具时，无法通过调节容差值来控制选择的颜色范围

C. 羽化是一种将选区边缘变得柔和透明的操作，数值越小图片边缘越模糊

D. 容差值越大，选择的范围越宽泛

（2）使用对象选择工具创建复杂选区时，使用“选择并遮住”工作区来进一步细化选区，正确的操作是（　　）。【多选题】

A. 使用边缘检测功能可以增加选区的羽化

B. 平滑滑块可以用来减少选区边缘的清晰度

C. 全局调整选项可以改变整个选区的亮度

D. 通过调整对比度滑块可以改善选区边缘的清晰度

（3）使用色彩范围工具时，（　　）可以用来调节颜色的选取范围。【单选题】

A. 颜色容差　　B. 羽化　　C. 亮度　　D. 对比度

3. 查阅信息页中 Adobe Photoshop 软件选区布尔运算的相关资料，明确不同布尔运算式的作用和实现效果。

（1）在下列选项中，属于布尔运算式的是（　　）。【多选题】

A. 新选区　　B. 添加到选区

C. 从选区减去　　D. 与选区交叉

（2）观察图 2-4-9 所示的两个矩形，应用（　　）布尔运算式能快速将左侧选区变成右侧选区的效果。【单选题】

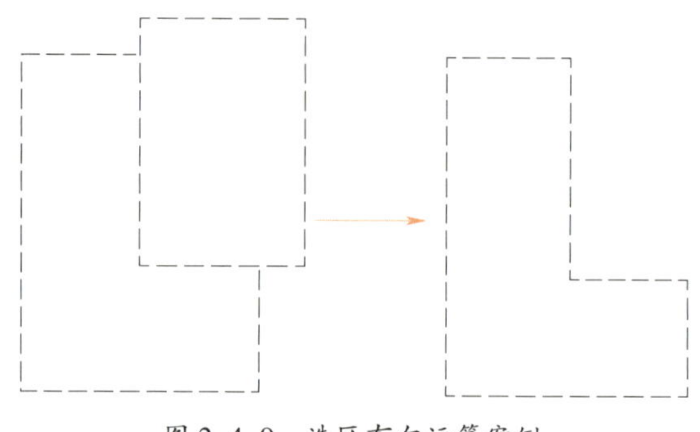

图 2-4-9　选区布尔运算案例

A. 新选区　　B. 添加到选区　　C. 从选区减去　　D. 与选区交叉

想一想

在使用套索工具时，设置羽化、容差属性值应在创建选区之前还是在创建选区之后？

____

____

套索工具属性栏中的羽化、消除锯齿有哪些作用？

____

____

（二）尝试抠取产品图片主体并检查主体抠取质量

1. 依据产品图片后期合成方式、工具决策表，逐一抠取产品特写、全景、场景展示等主体部分。

（1）使用钢笔工具抠取图 2-4-10 所示的一粒完整的大米，封闭路径时，转化为选区的组合键是__________。

（2）使用色彩范围工具抠取图 2-4-11 所示的散落的大米时，“颜色容差”属性设置的范围约

为（　　）。【单选题】

A. 0 ~ 50　　B. 50 ~ 100　　C. 100 ~ 150　　D. 150 ~ 200

图 2-4-10　一粒完整的大米

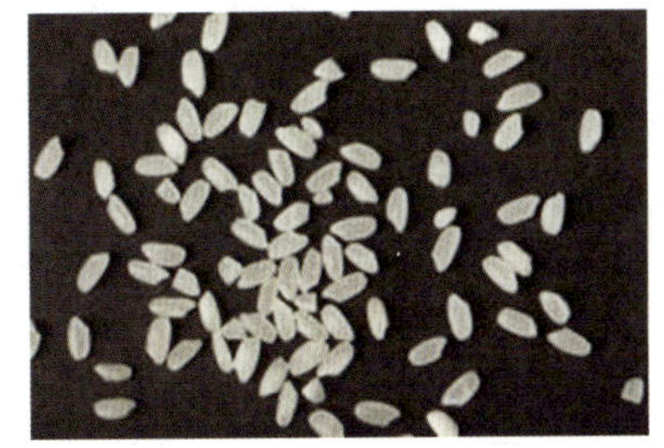
图 2-4-11　散落的大米

2. 自检主体抠取效果，判断背景是否去除干净、完整、无瑕疵，记录存在的问题，通过查阅资料、小组讨论等方式解决问题，填入表 2-4-11 中。

表 2-4-11　产品图片主体抠取自检记录表

图片素材	主体抠取是否完整	边缘是否清晰光滑	边缘是否无杂色	是否残留背景	解决方法
	□是 □否	□是 □否	□是 □否	□是 □否	
	□是 □否	□是 □否	□是 □否	□是 □否	
	□是 □否	□是 □否	□是 □否	□是 □否	
	□是 □否	□是 □否	□是 □否	□是 □否	

3. 各组选派代表展示产品图片主体抠取效果，并说明主体抠取使用的工具和制作流程。听取各组的展示汇报，查阅信息页中的评分细则，完成自评和组间互评，填入表 2-4-12 中。

表 2-4-12　　评价项目 6：产品图片主体抠取评分表

评价项目	评价标准	自我评价（10%）	组间互评（30%）						教师评价（60%）	说明
1. 产品图片主体的抠取（共 2 分）	（1）抠取出的产品图片主体主要部分完整呈现，得 1 分									
	（2）抠取出的产品图片主体边缘、细节完整，得 1 分									
2. 产品图片主体边缘的处理（共 3 分）	（1）抠取出的产品图片主体边缘光滑，得 1 分									
	（2）抠取出的产品图片主体边缘清晰、羽化得当，得 1 分									
	（3）抠取出的产品图片主体边缘干净、无杂色，得 1 分									
3. 背景的处理（共 2 分）	（1）现有画面主体图层背景无残留像素点，得 1 分									
	（2）移动或缩放主体时无残留像素点，得 1 分									
4. 软件使用熟练度（共 3 分）	能在规定时间内完成主体抠取任务得 3 分，每少一张扣 1 分，共 3 分									
合计得分（共 10 分）										
最终得分（自我评价 10%+ 组间互评 30%+ 教师评价 60%）										

互评人签字：　　　　　　　　　　教师签字：

（三）根据主体抠取效果及修改建议再次抠取素材

1. 观看产品图片主体抠取常见问题微课视频，记录图片抠取常见问题的解决方法，填入表 2-4-13 中。

表 2-4-13　　产品图片主体抠取常见问题描述表

常见问题	解决思路与方法
例： 边缘与轮廓贴合度低	1. 利用“选择并遮住”功能细化边缘，调整羽化值 2. 对于复杂边缘，使用钢笔工具精确绘制路径，设置小笔刷，结合图层蒙版工具对边缘进行精细调整

续表

常见问题	解决思路与方法
主体细节丢失	
边缘过渡不自然	

2. 查阅信息页中 Adobe Photoshop 软件选区修改的相关资料，学习选区修改的方法，提高抠取部分边缘质量。

（1）组内讨论选区的修改方法，记录操作要点和技巧，思考选区的不同修改方法对应的使用场景及效果，完成以下问题。

1）选区的修改操作包括（　　）等。【多选题】

A. 选区的扩展与收缩　　B. 选区的羽化

C. 选区的边界设置　　D. 选区的平滑设置

2）__________ 命令可以对选区进行存储和载入操作。

（2）将图 2-4-12a 所示的效果改变为图 2-4-12b 所示的效果时，应采用的方式是（　　）。

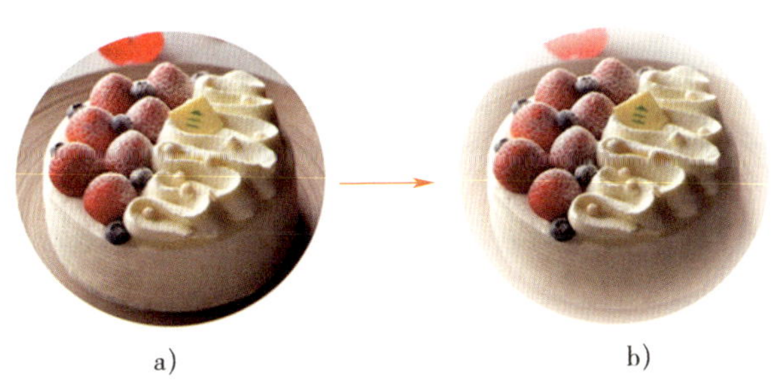

a)　　b)

图 2-4-12　选区修改案例

A. 选区的扩展与收缩　　B. 选区的羽化

C. 选区的边界设置　　D. 选区的平滑设置

3. 根据抠取主体的边缘色彩特点，创建与主体边缘色差较大的背景图，观察边缘效果，调整抠取范围，优化边缘质量，记录操作要点，填入表 2-4-14 中。

表 2-4-14　　产品图片主体抠取自检表

素材名称	背景图颜色	边缘质量	调整方法	处理结果
	R： G： B：	□干净顺滑 □锯齿状 □杂色		□已解决 □未解决
	R： G： B：	□干净顺滑 □锯齿状 □杂色		□已解决 □未解决
	R： G： B：	□干净顺滑 □锯齿状 □杂色		□已解决 □未解决
	R： G： B：	□干净顺滑 □锯齿状 □杂色		□已解决 □未解决

4. 根据互检结果，判断选区修改的方式，调整初步抠取素材的选区范围，去除残留背景，提高主体抠取精度；对于无法修改的抠取效果，进行重新抠取，并记录操作步骤。

____

____

（四）完成主体抠取综合任务并反思总结

1. 观看主体抠取综合训练素材库微课视频，学习拓展训练操作方法。浏览主体抠取综合训练素材库，从中任意选取 3 幅不同场景、不同景别的实物产品图片，经主体抠取操作后达到图 2-4-13 所示的展示效果。

图 2-4-13　主体抠取综合训练案例

2. 查阅信息页中的评分细则，自评是否能积极练习不同的主体抠取方法，填入表 2-4-15 中。

表 2-4-15　　评价项目 7：产品主体抠取拓展训练评分表

评价项目	评价标准	自我评价（10%）	教师评价（90%）	说明
1. 能使用不同的主体抠取方法抠取产品图片主体并认真自检	一般（0 ~ 1 分） 良好（2 ~ 3 分） 优秀（4 ~ 5 分） 注：每项单独评分，合计时取 5 项的平均值			
2. 能根据自检结果修改完善				
3. 能与同学认真交流，学习不同的主体抠取方法，并记录操作要点				
4. 能反思操作中使用不熟练的工具和方法，并进行改进				
5. 根据反思进行针对性训练，提高对工具和方法的把控能力				
合计得分（共 5 分）				
最终得分（自我评价 10%+ 教师评价 90%）				
自评人签字：		教师签字：		

3. 总结不同特征产品图片主体抠取技术的要点、注意事项，反思实践操作中的不足，填入表 2-4-16 中。

表 2-4-16　　产品图片主体抠取操作报告

学习活动名称	产品图片主体抠取				
院　系		专　业		班　级	
姓　名		学　号		日　期	
学习活动 目的及要求	简述本次学习活动的目的及要求：				
学习活动准备	在进行本次学习活动操作之前，应准备的工具、材料：				
内容及步骤	简述本次学习活动的内容及步骤：				
总结	简述本次学习活动的收获、问题和教训：				
教师评语					

四、抠取装饰元素

（一）整理抠取半透明物体的相关知识和技能

1. 查阅信息页中 Adobe Photoshop 软件通道的相关资料，明确通道的概念、作用，完成以下问题。

（1）将以下通道类型与相应的功能描述用线连接起来。

通道类型	功能描述
颜色通道	用于存储图片的选区信息
Alpha 通道	用于存储图片的红色、绿色和蓝色信息
专色通道	用于存储特殊的打印颜色
蒙版通道	用于控制图层的可见性或进行非破坏性编辑

（2）在使用通道进行主体抠取时，可以使用________________工具调整图片，以便通道中图片的黑白对比更明显。

2. 观看 Adobe Photoshop 软件中抠取半透明物体的微课视频，学习半透明物体抠取的知识和技能。

（1）依据微课视频，记录抠取半透明物体的操作步骤，完成表 2-4-17 的填写。

表 2-4-17　　　　半透明物体抠取的操作步骤

抠取流程	使用工具	操作要点
例：选择合适的通道	通道工具	选择明暗对比度最强的通道

（2）小组成员交流抠取半透明物体的操作技巧，学习抠取半透明物体的知识和技能，完成以下问题。

1）抠取半透明物体时，应复制（　　）通道。【单选题】

A. 细节最多的红色　　　　B. 对比度最高的

C. 对半透明物体最有效的蓝色　　　　D. Alpha

2）（　　）格式可存储为透明背景图片。【单选题】

A. JPG　　B. PNG　　C. WEB　　D. PDF

3. 观看 Adobe Photoshop 软件中蒙版在主体抠取中的应用微课视频，学习运用蒙版进行主体抠取的方法和技巧。

（1）图层蒙版的颜色设置可以影响蒙版中不同区域的可见性，以下说法中正确的是（　　）。【单选题】

A. 黑色区域表示完全可见　　　　B. 白色区域表示完全透明

C. 灰色区域表示完全透明　　　　D. 黑色区域表示完全透明

（2）（　　）可将图层蒙版转换为选区。【单选题】

A. 按住 Ctrl 键单击图层蒙版缩略图　　　　B. 按住 Shift 键单击图层蒙版缩略

C. 单击图层蒙版缩略图　　　　D. 双击图层蒙版缩略图

（二）抠取装饰元素

1. 根据产品图片后期合成方式、工具决策表中的装饰元素抠取部分，使用相应工具抠取白色烟雾、水稻等装饰元素，记录操作要点，填入表 2-4-18 中。

表 2-4-18　　装饰元素抠取操作要点记录表

待抠取装饰元素图片	使用工具	操作要点
	例：钢笔工具	沿装饰元素边缘描摹路径

2. 自检并记录装饰元素主体抠取效果，根据结果进行调整，完成表 2-4-19 的填写。

表 2-4-19　　装饰元素主体抠取效果自检表

观察项目	抠取结果	调整措施
	□主体完整 □边缘过渡自然 □背景去除干净	

续表

观察项目	抠取结果	调整措施
	□主体完整 □边缘过渡自然 □背景去除干净	

（三）检查装饰元素主体抠取效果

1. 小组成员互相展示装饰元素主体抠取效果，听取他人汇报，从烟雾、水稻效果的完整性、边缘过渡的自然程度、背景无残留及储存格式等方面展开分析，记录优点并提出建议。

____

____

2. 查阅信息页中的评分细则，结合各组代表的汇报，完成组间互评，填入表 2-4-20 中。

表 2-4-20　　评价项目 8：装饰元素抠取评分表

评价项目	评价标准	组间互评（30%）						教师评价（70%）	说明
1. 装饰元素不透明部分的抠取（共 4 分）	（1）装饰元素主要部分完整呈现，得 1 分								
	（2）边缘、细节完整，得 1 分								
	（3）边缘光滑，得 1 分								
	（4）边缘干净、无杂色，得 1 分								
2. 装饰元素半透明部分的抠取（共 4 分）	（1）半透明部分完整保留，得 1 分								
	（2）边缘干净、无杂色，得 1 分								
	（3）边缘清晰光滑，得 1 分								
	（4）过渡自然，得 1 分								

续表

评价项目	评价标准	组间互评（30%）						教师评价（70%）	说明
3. 背景的处理（共2分）	（1）现有画面主体图层背景无残留像素点，得1分								
	（2）移动或缩放主体时无残留像素点，得1分								
合计得分（共10分）									
最终得分（组间互评30%+教师评价70%）									
互评人签字：					教师签字：				

（四）完成不同材质物品抠取并反思总结

1. 查阅信息页中半透明、复杂边缘主体（玻璃 、纱、毛发）等材质物品的抠取步骤、使用工具、操作要点等相关资料，填入表2–4–21中。

表2–4–21　半透明、复杂边缘主体（玻璃、纱、毛发）抠取的操作步骤、要点及技巧

材质类型	物体特征	抠取步骤	使用工具	操作要点
玻璃	例： 透明度高 折射性高 光泽度高 镜面高光	1. 复制通道 2. 加强对比 3. 创建并羽化选区 4. 调整选区细节 5. 调整反射和高光	1. 通道 2. 曲线 3. 钢笔 4. 蒙版、画笔 5. 加深 / 减淡	1. 复制对比度最高的通道 2. 使玻璃边缘更加清晰 3. 保持玻璃的反射和高光 4. 小画笔涂抹 5. 保留光线效果和细节
纱				
毛发				

2. 浏览半透明主体抠取练习库，从中选取3 ~ 5张图片进行巩固练习，自检素材的抠取效果，填入表2–4–22中。

表 2-4-22 半透明主体抠取检查记录表

材质类型	案例名称	检查内容	检查结果	调整方法
玻璃			□合格 □不合格	
纱			□合格 □不合格	
毛发			□合格 □不合格	

3. 查阅信息页中的评分细则，互检小组拓展训练作品，完成组间互评并说明理由，填入表 2-4-23 中，根据各方反馈意见进一步修改完善。

表 2-4-23 评价项目 9：半透明主体的抠取评分表

评价项目	评价标准	组间互评（30%）						教师评价（70%）	说明
1. 完成拓展练习的数量（共 5 分）	拓展练习完成 3 张图片及以上，得 5 分；3 张图片以内，每张得 1 分								
2. 半透明物品抠取拓展练习的质量（共 5 分）	（1）不透明部分完整呈现，得 1 分								
	（2）半透明部分完整保留，得 1 分								
	（3）边缘干净、无杂色，得 1 分								
	（4）背景处理干净、无残留像素，得 1 分								
	（5）过渡自然，得 1 分								
合计得分（共 10 分）									
最终得分（组间互评 30%+ 教师评价 70%）									
互评人签字：					教师签字：				

4. 观看视频录制剪辑要点的微课视频，以小组为单位，共同总结半透明物品抠取技术的要点，分析不足，独立录制半透明物体抠取的操作要点视频。

5. 总结半透明物体抠取的流程、工具和技术要点，完成半透明物体抠取操作要点思维导图的绘制，如图 2-4-14 所示。

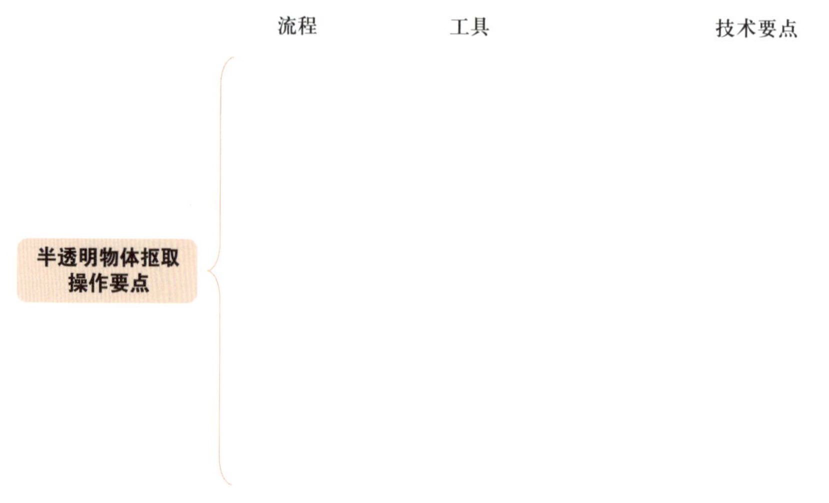

图 2-4-14 半透明物体抠取操作要点思维导图

五、整体调整、合成素材

（一）置入素材，统一色调

1. 查阅信息页中图片合成处理的相关资料，了解图片置入、排版的技巧。将抠取的主体、装饰元素、文字图片等素材依次置入本次任务的工程文件，并按照整体设计方案中的排版要求，调整素材的位置、大小及角度，完成以下问题。

（1）以下关于置入图片的描述中，不正确的是（　　）。【单选题】

A. 直接将图片放入工作区，不会弹出对话框

B. 图片与原始文件关联，当原始文件发生变化时，Adobe Photoshop 软件中的图片也会更新

C. 可以选择图片为智能对象，便于后续编辑和调整

D. 在“置入”对话框中，可以设置图片大小、分辨率等参数

（2）对齐和平均分布多张图片应选择菜单栏中的________命令。

（3）图层排序是一个重要概念，它决定了图层的显示顺序，可以作为图层显示顺序依据的是（　　）。【单选题】

A. 创建时间　　B. 名称

C. 图层面板中的上下位置　　D. 透明度

2. 查阅信息页中 Adobe Photoshop 软件统一色调的相关资料，实现产品图片色调统一。

（1）在图片编辑中，使用“匹配颜色”功能的主要目的是（　　）。【单选题】

A. 调整亮度和对比度

B. 将一张图片的颜色风格应用到另一张图片上

C. 替换图片中的特定颜色

D. 增强图片的饱和度

（2）在 Adobe Photoshop 软件的“匹配颜色”对话框中，（ ）可以用来调整颜色匹配的强度。【单选题】

A. 曝光　　B. 对比度

C. 渐隐　　D. 清晰度

（3）如图 2–4–15 所示，如果要快速地将花生图片调整为右图所示的暖黄色调，应该如何操作？将操作方法记录下来。

______

______

______

图 2–4–15　匹配颜色案例图

（二）合成素材，增加层次感

1. 学习蒙版工具在产品图片合成中的使用方法，调整各素材图层的可视范围。

（1）查阅信息页中 Adobe Photoshop 软件的蒙版在产品图片合成中应用的相关资料，学习使用蒙版工具使素材主体与背景融合度更高的方法，完成以下问题。

1）（ ）工具可以不破坏原图且仅调整图片某一部分的透明度。【单选题】

A. 橡皮擦　　B. 画笔

C. 渐变　　D. 蒙版

2）在合成图片中保留一个图层的特定部分并随时修改，可以（ ）。【单选题】

A. 删除不需要的部分

B. 使用图层蒙版隐藏不需要的部分

C. 使用橡皮擦工具擦除不需要的部分

D. 将不需要的部分移动到另一个图层

（2）查阅蒙版练习相关素材，尝试综合使用图层蒙版、剪切蒙版、矢量蒙版、快速蒙版等工具完成“瓶中风景”“二次曝光”练习，填入表 2-4-24 中。

表 2-4-24　　蒙版背景素材效果图展示记录

练习内容	使用工具	操作要点	存在问题	解决方法

2. 查阅信息页中图层样式的相关知识，提高产品展示的立体感和层次感。

（1）学习 Adobe Photoshop 软件中图层样式的添加与设置的方法，完成以下问题。

1）下列选项中，属于图层样式调整范围的是（　　）。【多选题】

A. 投影　　B. 描边

C. 亮度 / 对比度　　D. 内发光

2）图层样式中的颜色叠加主要用于实现（　　）的效果。【单选题】

A. 改变图层颜色　　B. 为图层添加描边

C. 创建投影　　D. 调整图层亮度 / 对比度

3）将下面左列中的文字效果与所应用的图层样式名称用线连接起来。

文字效果

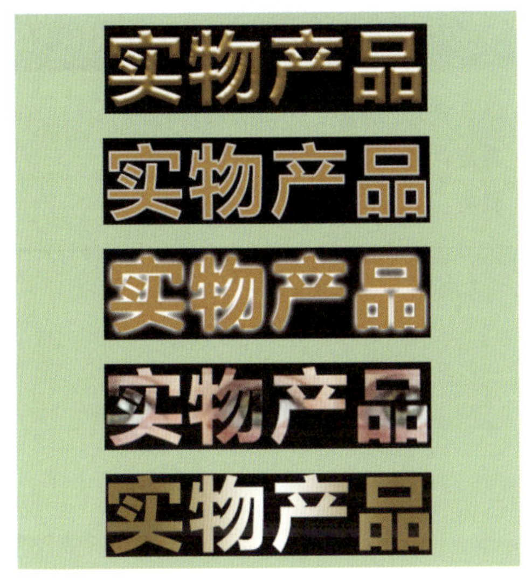

效果名称

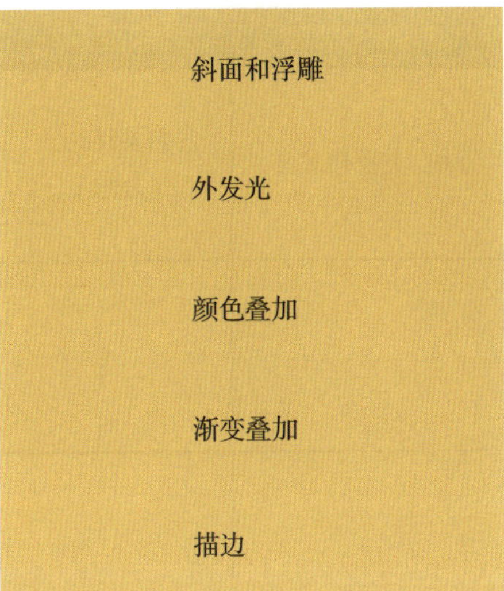

想一想

简述如何复制一个图层的图层样式并应用到另一个图层上。

____

____

____

（2）尝试对数字化资源中的钻石、灯泡等产品素材添加适当的图层样式，练习不同效果的添加与参数的调整，使主体效果更加具有立体感和层次感，根据教师指导和反馈进行修改完善，填入表 2-4-25 中。

表 2-4-25　图层样式的添加与设置练习记录

选用案例名称	添加图层样式类型	属性设置	反馈意见

3. 根据设计方案整体效果及合成要求，为图层添加合适的蒙版和图层样式，提升图层的融合度和层次感，记录操作过程，填入表 2-4-26 中。

表 2-4-26　　产品图片合成操作记录

应用素材图层	使用工具	操作要点	属性设置
例：大米特写图	图层样式（投影）	打开预览实时观察，使整体画面光照角度统一	混合模式：正常　不透明度：30 角度：120　距离：6 扩展：33　大小：10

（三）检查整体融合度和统一性并总结反思

1. 各组选派代表展示整体调整、合成后的效果图，说明使用的工具和操作要点，听取各组汇报，记录各组在蒙版使用、图层样式搭配等方面的表现情况。

____

____

2. 听取各组代表的汇报，查阅信息页中的评分细则，进行组间互评，填入表 2-4-27 中。

表 2-4-27　　评价项目 10：产品图片的合成与整体调整评分表

评价项目	评价标准	组间互评（30%）						教师评价（70%）	说明
1. 素材文件置入，大小、角度及位置的调整（共 3 分）	（1）能依据“产品图片后期合成方式、工具决策表”正确置入文件，得 1 分								

续表

评价项目	评价标准	组间互评（30%）						教师评价（70%）	说明
1. 素材文件置入，大小、角度及位置的调整（共 3 分）	（2）能按照整体设计方案对素材的大小、角度及位置进行合理调整，错一处扣 0.5 分，共 2 分								
2. 抠像图层色彩差异的观察及色调的统一（共 3 分）	（1）能使用亮度 / 对比度、色相 / 饱和度、色彩平衡等命令调整各图层的颜色使之接近，得 1 分								
	（2）能使用匹配颜色等方法使色差较大的素材色调统一，得 1 分								
	（3）整体色调真实自然，得 1 分								
3. 层次感、融合度的提升（共 4 分）	（1）能使用蒙版等工具调整各图层的显示范围，使边缘过渡平滑，得 1 分								
	（2）能添加合适的图层样式，得 1 分								
	（3）能使整体效果美观、层次丰富，得 2 分；效果较好，得 1 分								
合计得分（共 10 分）									
最终得分（组间互评 30%+ 教师评价 70%）									
互评人签字：					教师签字：				

3. 听取并记录他人评价和修改建议，进行修改完善。

4. 总结图层样式添加的技术要点，反思实践经验和不足，填入表 2-4-28 中。

表 2-4-28 产品图片后期合成操作报告

学习活动名称	产品图片后期合成				
院　系		专　业		班　级	
姓　名		学　号		日　期	
学习活动 目的及要求	简述本次学习活动目的及要求：				
学习活动准备	你为本次学习活动操作做的工具、材料准备：				
内容及步骤	简述学习活动的内容及步骤：				
总结	本次学习活动的收获、问题和教训：				
教师评语					

学习环节五　过程控制

学习目标

1. 能采用独立工作的方式，按照交付要求输出产品图片后期合成初稿；检查文件属性信息和产品图片的后期合成质量、内容，及时记录问题并修改完善；展示汇报初稿效果图，清晰地说明制作流程，记录同学提出的评价反馈及教师的指导建议并修改完善，确保初稿内容与参数符合标准要求。

2. 能采用独立工作的方式，根据工作时间和交付要求，对源文件和展示文件进行规范命名、存储，在规定时间内交付给教师验收，填写验收报告，根据企业设计文件档案管理标准规范，对文件资料进行命名、存储和归档；根据 6S 管理制度对设备工具进行整理，确保内容完整。

建议学时

4 学时

学习要求

序号	学习步骤	学习内容	学时	备注
1	输出并检查初稿	**实践知识：** （1）产品图片后期合成初稿的输出 （2）产品图片后期合成初稿文件属性、质量的自检 （3）产品图片后期合成初稿的展示与说明 **理论知识：** （1）产品图片后期输出前处理规范的内容 （2）产品图片后期合成初稿的展示提纲 **能力素养：** （1）与人沟通的能力 （2）严谨细致 （3）质量意识	3	

续表

序号	学习步骤	学习内容	学时	备注
2	交付终稿，整理归档	**实践知识：** （1）终稿的规范命名、存储 （2）验收报告的填写 **理论知识：** 验收报告的要素和规范 **能力素养：** （1）时间意识 （2）规范意识	1	

一、输出并检查初稿

（一）对照任务要求输出初稿

1. 查阅信息页中产品图片后期输出前处理规范的相关资料，明确产品图片后期输出前的处理要求和步骤。

（1）在输出产品详情页前，需要（　　）等工作。【多选题】

A. 按照设计要求设置图片尺寸　　B. 检查图片内容真实准确且符合版权要求

C. 进行规范命名　　D. 进行图片压缩优化

（2）以下关于产品详情页分辨率的说法中，正确的是（　　）。【多选题】

A. 应根据电商平台的要求确定　　B. 高分辨率图片总是优于低分辨率图片

C. 应与屏幕尺寸相匹配　　D. 输出分辨率越高越好，无需考虑文件大小

2. 查看产品图片后期处理任务要求分析表，确认文档大小、分辨率、色彩模式、输出格式等参数要求，并填入表2–5–1中，根据输出格式要求，合成输出产品图片后期合成初稿。

表2–5–1　任务输出记录

输出文件名称	格式	尺寸	分辨率	色彩模式

（二）自检初稿并修改完善

1. 自检产品图片后期合成初稿的格式、分辨率等属性，对照表2–5–1进行检查，记录检查结果和存在的问题，填入表2–5–2中。

2. 自检产品图片后期合成初稿的画面质量，记录检查结果并分析存在的问题，填入2–5–3中。

表 2-5-2 产品图片后期处理初稿属性检查记录

自检内容	自检结果	存在的问题
格式		
尺寸		
分辨率		
色彩模式		

表 2-5-3 产品图片后期处理初稿质量检查记录

自检内容	自检结果	存在的问题
是否将图片透视、曝光、颜色校正准确	□是 □否	
是否将图片污点、划痕、光斑等瑕疵修复准确	□是 □否	
是否将图片主体边缘抠取光滑、明晰	□是 □否	
抠取氛围元素是否更好地融入新背景	□是 □否	
设计元素的色调是否统一	□是 □否	
产品详情页的风格是否与原产品详情页一致	□是 □否	
色彩搭配是否与原产品详情页一致	□是 □否	
文字与排版是否与整体设计方案一致	□是 □否	

3. 根据表 2-5-3 中初稿自检结果的分析，思考、记录问题产生的原因及解决方法，并尝试调整。

问题：________________________________

解决办法：________________________________

4. 独立查阅信息页中的评分细则，反思自检过程中的表现情况，填入表 2-5-4 中。

表 2-5-4 评价项目 11：产品图片后期处理初稿的检查与完善评分表

评价项目	评价标准	自我评价（10%）	教师评价（90%）	说明
1. 初稿的检查（共3分）	（1）能认真检查色彩模式、分辨率、尺寸、文件格式是否符合交付要求，得 1 分			
	（2）能认真比对初稿的整体合成效果是否符合整体设计要求、合成制作要求，得 1 分			
	（3）能全面检查初稿主体瑕疵、边缘、特效处理等细节问题，得 1 分			

续表

评价项目	评价标准	自我评价（10%）	教师评价（90%）	说明
2. 问题的记录修改（共2分）	（1）能实事求是记录存在的问题，得1分			
	（2）能根据问题记录再次优化调整，得1分			
合计得分（共5分）				
最终得分（自我评价10%+教师评价90%）				
自评人签字：		教师签字：		

（三）互检初稿质量并再次优化

1. 通过组内展示讨论，选出本组的最优初稿，记录他人反馈意见，思考是否采纳并说明理由，再次优化初稿，填入表2-5-5中。

表2-5-5 修改意见记录

发现问题	修改意见	是否采纳	解决方法	处理结果
		□是 □否		
		□是 □否		
		□是 □否		
		□是 □否		

2. 选择本组代表汇报最优初稿，说明制作流程、关键技术，展示各设计元素的抠取质量、合成效果，记录各组汇报的优点和建议。

____

____

3. 回顾初稿自检和互检过程中发现的问题，记录修改建议和解决方法，从产品图片的校正、修饰、抠取、合成等方面总结经验和不足。

经验：______________________________________

____

不足：______________________________________

____

二、交付终稿，整理归档

（一）输出终稿，完成交付

1. 按照交付要求，独立完成源文件和展示文件的输出、规范命名、存储，填入表 2-5-6 中。

表 2-5-6　　终稿交付清单

提交内容	格式	重命名	是否存在问题
			□是 □否

2. 使用专业术语与教师进行沟通，在规定的时间内完成交付，填入表 2-5-7 中。

表 2-5-7　　产品图片后期处理验收报告

设计师		发布规格	
首次验收情况	□主体、装饰元素抠取质量高、无缺陷 □提交内容符合交付要求	□合成效果符合整体设计方案 □其他________	
验收意见	□验收通过	□验收不通过	
不合格项			
整改情况		日期	

（二）整理归档

根据企业文件管理制度和规范，结合设计资料的分类情况，整理设计档案，完成以下问题。

（1）文件档案中包括（　　）文件夹。【多选题】

A. 素材资料库　　B. 主体抠取案例

C. 过程性文件资料　　D. 终稿

（2）（　　）不是文档归档时文件命名应遵循的原则。【单选题】

A. 使用简明扼要的词语　　B. 加入特殊字符以强调重要信息

C. 在文件名中可以加入日期信息　　D. 保持命名规则的统一性和标准性

（3）根据文件内容和格式，梳理设计文件所属的文件夹进行归档，完成档案分类示意图的绘制，如图 2-5-1 所示。

图 2-5-1　档案分类示意图

学习环节六　总结拓展

学习目标

1. 能采用独立工作的方式，共同梳理产品图片后期合成的技术要点，绘制思维导图，总结不同特征的产品图片主体抠取、合成方式、所用工具的优缺点，分析不足之处，提出改进措施。

2. 能独立领取任务素材，提取合成要求和交付要求等关键信息；准确叙述不同电商平台产品主图的制作标准；独立分析素材图片存在的透视、曝光、色彩等问题，查找产品图片主体的瑕疵并进行标注，判断主体特征，分析主体与背景的色差程度，制定电商产品主图后期合成方案；校正产品图片素材的透视关系和整体色调，修复产品图片素材的瑕疵，抠取产品主体；根据任务要求、制图标准，置入校正、修饰、抠取出的产品主体图层和文案，调整其大小和位置，添加适当的图层样式，合成输出电商产品主图初稿，自检初稿的文件格式、整体效果和图文内容并修改完善；根据制作要求和交付要求输出终稿，整理设计资料档案，确保图片透视、曝光正确，产品图片整洁干净、像素过渡平滑，主体突出、排版美观、画面色调统一。

建议学时

14 学时

学习要求

序号	学习步骤	学习内容	学时	备注
1	总结技术要点	**实践知识：** 产品图片后期合成技术要点的梳理 **理论知识：** 不同特征的产品图片主体抠取、合成方式、所用工具的优缺点	2	

续表

序号	学习步骤	学习内容	学时	备注
1	总结技术要点	**能力素养：** 信息处理能力		
2	完成巩固训练	**实践知识：** （1）产品主图的后期合成要求及交付要求的提取与解读 （2）产品主图的后期合成与输出 **理论知识：** （1）产品主图的制作标准 （2）在产品主图中突出卖点的方法 **能力素养：** （1）数字技术应用能力 （2）勤学苦练的劳动精神	12	

一、总结技术要点

总结产品图片后期合成的技术要点并修改完善

1. 小组成员共同梳理产品图片后期合成的关键步骤、技术要点、注意事项，在图 2-6-1 基础上绘制产品图片后期合成技术要点思维导图。

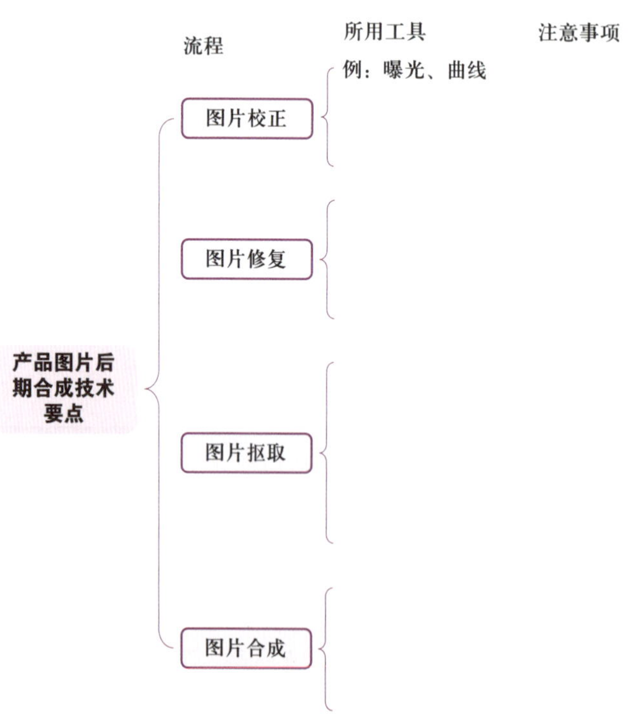

图 2-6-1　产品图片后期合成技术要点思维导图

2. 总结不同特征的产品图片主体抠取、合成方式、所用工具的优缺点，填入表 2-6-1 中。

表 2-6-1 主体抠图工具和后期合成方式对比分析

主体抠取工具	适用场景	优点	缺点	组合键
魔棒工具				
快速选择工具				
套索工具				
钢笔工具				
通道和蒙版工具				
色彩范围工具				
后期合成方式	**合成流程**	**使用工具**	**注意事项**	**组合键**
拼接				
层叠				
融图				

3. 各组选派代表分享展示思维导图，查阅信息页中的评分细则，完成组间互评，填入表 2-6-2 中。

表 2-6-2　　评价项目 12：产品图片后期合成技术要点思维导图评分表

评价项目	评价标准	组间互评（30%）						教师评价（70%）	说明
1. 产品图片后期合成技术要点的描述（共 4 分）	（1）产品图片存在透视、曝光、偏色等问题校正方法描述全面到位，得 1 分								
	（2）杂质、污点、裂痕、缺损等瑕疵修复方法描述全面到位，得 1 分								
	（3）不同特征的产品图片主体、装饰元素抠取技术要点描述全面到位，得 1 分								
	（4）多个设计元素合成技术要点描述全面到位，得 1 分								
2. 思维导图的排版（共 1 分）	（1）清晰条理，得 0.5 分								
	（2）排版美观，得 0.5 分								
合计得分（共 5 分）									
最终得分（组间互评 30%+ 教师评价 70%）									
互评人签字：				教师签字：					

二、完成巩固训练

（一）领取产品主图的任务资料，提取关键信息，分析设计素材

1. 独立领取产品主图的任务单和素材，解读任务单，提取产品主图后期合成的技术要求和交付要求等关键信息，填入表 2-6-3 中。

2. 查阅信息页中主图设计的相关资料，梳理产品主图设计的原则、规范及制作标准。

（1）以下关于产品主图设计基本原则的描述中，正确的是（　　）。【单选题】

A. 产品主图可以随意拼接图片，以增加视觉冲击力

B. 产品主图必须清晰、整洁，且不能添加边框和水印

C. 产品主图上的促销文字越多越好，以吸引顾客注意

D. 产品主图可以随意改变商品颜色，使其更加鲜艳

表 2-6-3　　产品主图后期合成任务要求的分析

<table>
<tr><td>任务名称</td><td colspan="2"></td></tr>
<tr><td>提供素材</td><td colspan="2"></td></tr>
<tr><td>投放平台</td><td colspan="2"></td></tr>
<tr><td rowspan="5">交付要求</td><td>设计尺寸</td><td></td></tr>
<tr><td>分辨率</td><td></td></tr>
<tr><td>颜色模式</td><td></td></tr>
<tr><td>交付格式</td><td></td></tr>
<tr><td>工作周期</td><td></td></tr>
<tr><td rowspan="3">设计要求</td><td>整体设计要求</td><td></td></tr>
<tr><td>后期合成要求</td><td></td></tr>
<tr><td>文案内容</td><td></td></tr>
</table>

（2）梳理不同电商平台产品主图的制作标准，在图 2-6-2 的基础上绘制产品主图制作标准思维导图。

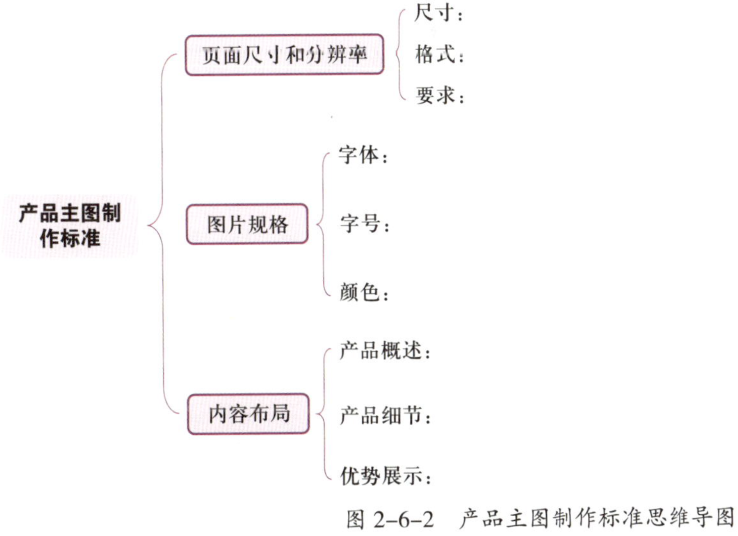

图 2-6-2　产品主图制作标准思维导图

3. 观察产品图片，分析存在的问题和主体特征。

（1）浏览设计资料，判断是否存在透视、曝光、偏色等问题，查找产品图片主体和背景区域的瑕疵和污点，记录产品图片存在的问题，填入表 2–6–4 中。

表 2-6-4　　产品图片存在的问题分析

分析类别	观察方法	存在的问题

（2）根据任务单以及之前学习的方法与技巧分析产品图片的主体特征，判断主体与背景的色彩差异程度，填入表 2–6–5 中。

表 2-6-5　　产品图片主体特征、与背景的色差分析

抠取内容	主体轮廓特征	主体材质类型	主体与背景的色彩差异程度

续表

抠取内容	主体轮廓特征	主体材质类型	主体与背景的色彩差异程度

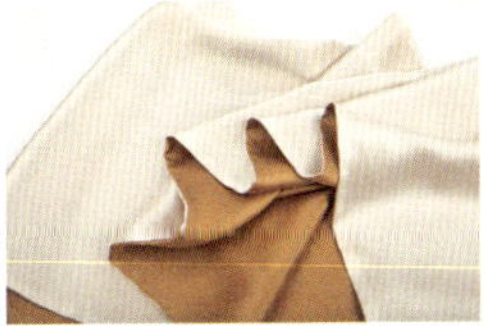			
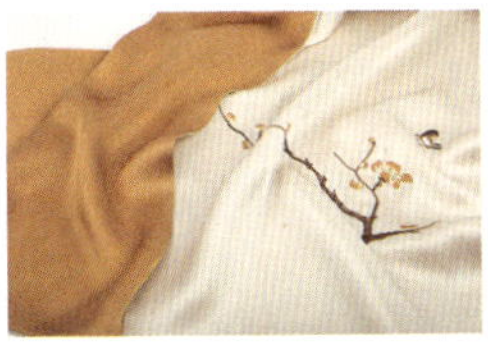			

（二）制定电商产品主图后期合成方案

根据图片素材存在的问题和后期合成要求，整理图片透视校正、色调调整、瑕疵修复、主体抠取、整体合成等方式和工具，制定后期合成方案，填入表 2-6-6 中。

表 2-6-6　电商产品主图后期合成方案

校正内容	校正工具	
修复内容	**修复流程**	**修复工具**
抠取内容	**抠取流程**	**抠取工具**
合成方式	**合成工具**	

（三）处理图片素材问题，抠取产品图片主体和设计元素

根据电商产品主图后期合成方案，使用相应的处理工具校正、修复存在的问题，抠取主体部分并进行合成，填入表 2-6-7 中。

表 2-6-7　产品图片处理过程记录

处理内容	关键技术	处理结果
问题校正		
瑕疵修复		

续表

处理内容	关键技术	处理结果
主体抠取		
素材合成		

（四）合成产品主图，输出初稿并自检

1. 查阅信息页中电商产品主图如何突出产品卖点的相关资料，学习电商产品主图合成的相关知识，完成以下问题。

（1）在设计电商产品主图时，为了有效突出卖点，可以采用的方法有（ ）。**【多选题】**

A. 选择与产品特性、品牌形象相符的色彩搭配，以增强视觉吸引力

B. 将所有产品特点都堆砌在主图上，可以通过放大、特写、使用对比色等方式，以便消费者全面了解

C. 确保产品主体在画面中占据显眼位置，成为视觉焦点

D. 通过色彩、大小、位置等因素的对比，营造出层次感，使主图更加立体生动

E. 采用三分法、对称构图等吸引人的构图方式来引导消费者的视线

（2）以下关于电商产品主图色彩搭配的说法中，正确的是（ ）。**【单选题】**

A. 使用的鲜艳色彩越多，越能吸引消费者

B. 色彩应与产品特性、品牌形象保持一致

C. 只需考虑色彩的鲜艳度，无需考虑色彩搭配

D. 色彩搭配与产品卖点无关

（3）在电商产品主图中，为了突出产品并吸引消费者注意，产品通常应占据图片的（ ）。**【单选题】**

A. 10% ~ 20%　　B. 50% ~ 60%　　C. 80% ~ 90%　　D. 全部空间

（4）想要制作出丰富美观、设计感强的主图，可以用（　　）元素对页面进行装饰。**【多选题】**

A. 图形　　B. 线条　　C. 特殊效果

D. 边框与框架　　E. 文字　　F. 实物

（5）观察表 2-6-8 中的产品主图，分析它们是如何让消费者快速获得产品有效信息的。

表 2-6-8　　产品主图分析表

产品主图	配色方式	文字排版	构图	层次
	□单色系搭配 □同类色搭配 □互补色搭配 □主题性搭配	□左对齐 □右对齐 □居中	□对称构图 □井字构图 □对角构图 □并排构图	□色彩搭配 □光影效果 □空间布局 □文案与元素
	□单色系搭配 □同类色搭配 □互补色搭配 □主题性搭配	□左对齐 □右对齐 □居中	□对称构图 □井字构图 □对角构图 □并排构图	□色彩搭配 □光影效果 □空间布局 □文案与元素
	□单色系搭配 □同类色搭配 □互补色搭配 □主题性搭配	□左对齐 □右对齐 □居中	□对称构图 □井字构图 □对角构图 □并排构图	□色彩搭配 □光影效果 □空间布局 □文案与元素
	□单色系搭配 □同类色搭配 □互补色搭配 □主题性搭配	□左对齐 □右对齐 □居中	□对称构图 □井字构图 □对角构图 □并排构图	□色彩搭配 □光影效果 □空间布局 □文案与元素

（6）本次合成产品主图，你打算采用什么方法突出产品卖点？从排版、配色、层次等方面进行简要说明。

2. 根据任务单，选择合适的素材置入抠取的包装盒、丝巾、杯子、文案等素材图片以及文案模板，判断各元素的遮挡和比例关系，调整图层的顺序、位置、大小、角度，并在表 2-6-9 中将素材按照遮挡关系进行排序。

表 2-6-9　　素材排序表

素材图				
序号				
素材图			可跨店满300减30	
序号				

3. 根据整体设计方案，置入抠取的主体素材、文案图片、装饰图片素材，调整大小位置，统一整体色调，添加图层样式，确保主体突出，排版美观、画面色调统一，完成表 2-6-10 的填写。

表 2-6-10　　产品主图合成记录表

素材图层	关键技术	处理流程	使用工具属性设置

续表

素材图层	关键技术	处理流程	使用工具属性设置

（五）评价产品主图并修改完善

1. 组内展示产品主图效果图，记录反馈意见，并进行修改完善，整理归档设计资料。

____

____

2. 查阅信息页中的评分细则，对终稿的画面质量、内容、合成效果等进行组间互评，填入表 2-6-11 中。

表 2-6-11　　评价项目 13：产品主图终稿评分表

评价项目	评价标准	组间互评（30%）						教师评价（70%）	说明
1. 终稿文件格式（共 2 分）	（1）设计尺寸符合要求，得 0.5 分								
	（2）分辨率符合要求，得 0.5 分								
	（3）颜色模式符合要求，得 0.5 分								
	（4）交付格式符合要求，得 0.5 分								
2. 产品图片处理质量（共 2 分）	（1）无明显曝光问题，得 1 分								
	（2）无明显偏色问题，得 1 分								
3. 主体抠取处理质量（共 2 分）	（1）主体保留完整，得 1 分								
	（2）无瑕疵、边缘像素过渡自然无杂色，得 1 分								
4. 合成处理质量（共 2 分）	（1）不同元素之间的边缘、色彩过渡自然，得 1 分								
	（2）层次丰富，得 1 分								

续表

评价项目	评价标准	组间互评（30%）						教师评价（70%）	说明
5. 产品突出效果（共2分）	（1）主图中产品主体突出，得1分								
	（2）产品主体比例得当，得1分								
合计得分（共10分）									
最终得分（组间互评30%+教师评价70%）									
互评人签字：				教师签字：					

技工院校工学一体化课程教学资源

技工院校多媒体制作专业工学一体化教材

图文作品的图片处理工作页

主编　马草原

学习任务三

产品海报的特效处理

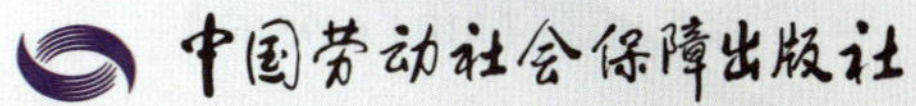

中国劳动社会保障出版社

简介

本书为技工院校多媒体制作专业“图文作品的图片处理”工学一体化课程的工作页，依据《多媒体制作专业国家技能人才培养工学一体化课程标准》编写，供各地技工院校开展工学一体化教学使用。

本书主要包括个人形象照的修饰、产品图片的后期合成、产品海报的特效处理三个学习任务，每个学习任务包含获取信息、制订计划、做出决策、实施计划、过程控制、总结拓展六个学习环节。

完成本书中学习任务所需的相关素材可通过技工教育网（https://jg.class.com.cn）下载并使用。

图书在版编目（CIP）数据

图文作品的图片处理工作页 / 马草原主编 . -- 北京：中国劳动社会保障出版社，2025. --（技工院校工学一体化课程教学资源）（技工院校多媒体制作专业工学一体化教材）. -- ISBN 978-7-5167-7085-6

Ⅰ. TP391. 413

中国国家版本馆 CIP 数据核字第 2025B31H80 号

图文作品的图片处理工作页

TUWEN ZUOPIN DE TUPIAN CHULI GONGZUOYE

中国劳动社会保障出版社出版发行

（北京市惠新东街 1 号　邮政编码：100029）

*

北京市艺辉印刷有限公司印刷装订　　新华书店经销

880 毫米 ×1230 毫米　16 开本　20.25 印张　442 千字

2025 年 8 月第 1 版　　2025 年 8 月第 1 次印刷

定价：53.00 元

营销中心电话：400-606-6496

出版社网址：https://www.class.com.cn

https://jg.class.com.cn

技工院校工学一体化课程教学资源
技工院校多媒体制作专业工学一体化教材

开发院校

牵头院校：青岛市技师学院

参与院校：山东技师学院　北京市新媒体技师学院

指导专家

张利芳　陈海娜　马　琳

本书编审人员

主　　编：马草原

参　　编：赵　洁　冀俊杰　张善理　苏学涛　于淑慧　李亚琳　金　婷
　　　　　江　源　秦晓娜　谭森洋

审　　稿：李　飞　郝金亭

指　　导：陈海娜

序

技工教育的本质是就业教育，其最显著的特征是职业性，其最好的培养模式就是“在工作中学习、在学习中工作”。培育大批高技能人才，既要适应新一轮科技革命和产业变革的需要，也要遵循技能人才成长发展规律，创新技能人才培养方式。推进工学一体化技能人才培养模式改革是推进校企融合、提质培优的重要途径，是技工院校服务制造业和实体经济发展的务实举措。

2009 年，人力资源社会保障部办公厅印发了《技工院校一体化课程教学改革试点工作方案》，分三批在部分技工院校试点开展工学一体化课程教学改革工作，到 2021 年已经覆盖 31 个专业 191 所部级试点院校。经过十多年的发展，理念得到认同、试点不断扩大、学生学习兴趣明显提高，取得了显著成效。2022 年 3 月，人力资源社会保障部印发了《推进技工院校工学一体化技能人才培养模式实施方案》，提出在全国技工院校大力推进工学一体化技能人才培养模式，实现百个专业、千所院校、万名教师的“百千万”工作目标，以促进技工院校人才培养模式变革、提升技能人才培养质量、带动形成技工院校改革创新新局面。

新一轮工学一体化课程教学改革开展聚焦“课程标准”“课程资源”“教师培养”三项重点工作，为持续推进技工院校工学一体化技能人才培养模式实施奠定了坚实基础。印发《〈国家技能人才培养工学一体化课程标准〉开发技术规程》，出版《工学一体化课程开发指导手册》，分三阶段指引完成 103 个专业国家技能人才培养工学一体化课程标准与课程设置方案开发；编制《工学一体化课程教学资源开发指

南》，开发第一批 14 个专业 37 门课程工学一体化课程教学资源；印发《技工院校工学一体化教师培训标准》，出版《工学一体化教师培训指导手册》，依托工学一体化教师培训基地培育师资队伍；印发《技工院校工学一体化课堂、课程、专业、院校建设标准》，出版《工学一体化课程教学实施指导手册》，指引 1 000 所技工院校对标开展工学一体化优质课堂、精品课程、示范专业、骨干院校的建设工作，实现以评促建的目标。

教材建设是教学改革成果固化的重要载体。本次工学一体化课程教学资源按照工作逻辑呈现实践、理论知识和素养，遵循工作过程六步法，从工作向“工作 + 学习”融合，通过引导问题层层递进，实现“输入—内化—输出—考核”的学习闭环，突出学生心智技能和思维的培养，强调学生个人成长的积累。近年来，通过指导专家、几百位试点院校的骨干教师以及编辑团队共同努力，产出了教学指导用书、工作页及答案、信息页及数字资源等形式的系列教材学材，以满足技工院校的教学使用需求。

本系列教材及配套资源的出版，不仅是对本轮技工院校工学一体化技能人才培养模式改革工作的阶段性总结，也是打通从课程标准到课堂实施最后一公里的全新尝试，意义深远。希望全国技工院校将推行工学一体化技能人才培养模式作为创新人才培养模式、提高人才培养质量的重要抓手，为加快培养具有良好工作思维与习惯、自主学习意识与能力、精湛专业技艺与技能的复合型技能人才作出新的更大贡献！

技工教育和职业培训教学指导委员会

2025 年 4 月

目录

学习任务三
产品海报的特效处理

任务描述

任务情境

某腕表品牌上架 SPORT 系列新品，现要将此系列中一款产品打造为爆款，计划通过本市中央商务区繁华路段的户外电子广告屏进行宣传，以达到推广产品卖点、促进产品销售、提升品牌形象的目的。文案策划部已根据客户提供的企业、产品介绍等资料完成文案撰写，设计师已完成创意构思、海报整体设计方案制定等工作，摄影部根据设计师的整体方案拍摄了产品正面展示图，搜集了与产品材质相匹配的图片素材、场景图片素材，现需要设计师助理完成该产品海报的特效处理，合成输出产品海报，并交付设计师验收。

学生从教师处接到任务单后，与小组成员共同解读任务单，明确交付要求和特效处理要求；查阅企业、产品资料，分析产品受众、产品调性、整体设计方案；检查素材图片存在的透视、色调、颜色、瑕疵等问题、分析产品主体特征；判断光源位置及光照方向；搜集并分析同类产品特效处理案例，提炼可借鉴的特效类型和设计元素，构思产品海报的精修方式、特效种类、应用位置、制作工具，制定产品海报特效处理方案，梳理产品海报特效处理流程和思路；对比分析不同精修、特效制作方式的适用场景、优缺点和可实现的效果，选定合适的精修、特效制作方式及工具；独立使用 Adobe Photoshop 软件制作氛围感背景，为产品添加质感、光效、立体感等特效，制作特效文字，调整海报的版式、层次和色调，进行文字轮廓化等输出前的处理；按照交付要求输出初稿后，检查文件大小、分辨率、色彩模式等信息和产品精修、特效处理质量，及时记录问题并修改完善；输出终稿后，按照交付要求将特效处理方案、源文件、海报展示文件、验收单等材料交付教师并配合完成验收。

任务要求

1. 整体设计要求

（1）海报符合整体设计方案中排版、创意构思等要求。

（2）精修产品图片素材透视准确、抠像精细、配色和谐，无瑕疵。

2. 特效处理要求

（1）营造粗犷神秘、极限探索的氛围感。

（2）提升产品质感。

（3）为局部和整体添加光效，整体光效融合度高。

（4）打造产品的立体感，使产品具备较强的视觉立体感，投影方向符合光照方向、大小合理自然。

3. 交付要求

（1）海报分辨率为超高清 4K，色彩模式为 RGB。

（2）提交一个以“产品海报”命名的文件夹，文件夹内需包含 1 份 PSD 格式的源文件、1 份 JPG 格式的海报展示文件。

任务资料

1. 产品海报特效处理任务单（见表 3-0-1）

表 3-0-1 产品海报特效处理任务单

任务名称	SPORT 系列的新品海报设计
投放平台	户外电子广告屏
任务要求	1. 整体设计要求 （1）符合整体设计方案 （2）产品精修后能明显提升质感 2. 特效处理要求 （1）营造一种粗犷神秘、极限探索的氛围感 （2）突出产品的卖点，简洁大气 3. 交付要求 （1）文件规格：海报分辨率为 72 像素 / 英寸，尺寸为 1 920 像素 ×1 080 像素，色彩模式为 RGB （2）提交内容：1 份 PSD 格式的源文件、1 份 JPG 格式的海报展示文件
委托单位签字：	接受单位签字：　　　　年　月　日

2. 品牌简介

该品牌腕表的目标消费群体主要定位于年轻群体和时尚人士，针对这类群体工作、学习忙碌和生活节奏快的特点，以及这类人群对时尚、年轻、自由、休闲的工作和生活态度的追求，为引起他们的共鸣，该品牌贴合人们把握宝贵时间、珍惜每一分每一秒的生活态度，打造出时尚、休闲、经典的腕表形象，对品牌文化进行了全新诠释。

该企业加大研发力度，打造成独树一帜的品牌风格，将文化融入产品之中，提高产品品位。所有零配件均由为世界各大品牌厂商常年服务的专业生产商提供，优质的高科技制作材料统一配以精准、长效的机芯，辅以顶尖制作团队的精彩设计，成就了卓尔不群的品牌风格及超高的性价比。

3. 产品介绍

针对喜爱探险运动的人群，该品牌设计了 SPORT 系列新品，备受喜欢刺激和具有冒险精神的年轻运动爱好者欢迎，满足了年轻人对运动和无限的追求，享受极限的快乐。该产品适合大众消费者日常佩戴，具有以下功能特征：立体设计、运动机械，44 mm 大表盘，强化矿物质玻璃，精钢表带，100 m 防水。

4. 产品图片（见图 3–0–1）

5. 产品海报整体设计方案

（1）项目背景与目的

某腕表品牌上架 SPORT 系列新品，现要将此系列中一款产品打造为爆款，计划通过本市中央商务区繁华路段的户外电子广告屏进行宣传，以达到推广产品卖点、促进新品销售、提升品牌形象的目的。

（2）目标受众

35 岁以下的年轻男性上班族，喜爱刺激、具有冒险精神，在业余时间喜欢享受极限的快乐。

（3）创意构思

主题：享受极限。

调性：兼顾商务与休闲、粗犷神秘、探索、极限运动。

（4）文案策划

标题：享受极限。

文字：经典时尚 品质之选；THE CHOICE OF ADVENTUROUS MEN。

（5）产品图片拍摄

拍摄正面展示图，采用全景景别，平视角度。布光采用三点布光法。

（6）构图

居中构图，文案位于海报下半部分，如图 3–0–2 所示。

图 3-0-1 产品图片

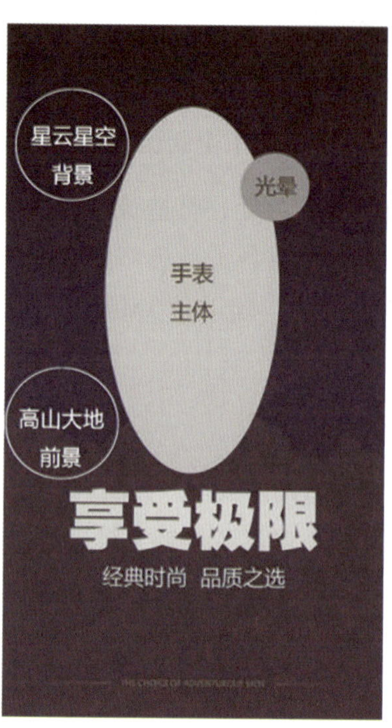

图 3-0-2 海报排版布局参考图

（7）投放媒介

1）投放媒介：本市中央商务区繁华路段的户外电子广告屏。

2）媒介特点：全高清，1 920 像素 ×1 080 像素。

（8）可参考使用的素材（见图 3-0-3 和图 3-0-4）

图 3-0-3 高山

图 3-0-4 拉丝金属贴图

学习目标

1. 能独立解读任务单，明确交付要求和设计要求，填写任务要求分析表，核对设计资料并分类整理。梳理海报特效处理的相关知识，分析并阐明产品定位，分析产品图片存在的问题、产品主体特征、光照特征，填写产品图片分析表。

2. 能梳理产品海报处理流程，搜集并分析同类特效处理案例，制定产品海报处理方案。

3. 能查阅任务相关的法律法规，依据产品海报特效制作方案和相关标准规范，对比分析不同方式、工具的优缺点，分析方案的可行性，选定产品海报处理策略。

4. 能校正整体画面、修复产品图片主体的瑕疵、抠取产品主体。

5. 能根据产品海报特效处理策略，制作符合产品定位的氛围感背景、装饰元素，提升产品质感，根据光照特征添加光效、打造产品立体感、根据整体风格制作特效文字，调整海报整体效果，营造视觉焦点。

6. 能完成输出前处理，输出产品海报初稿，自检初稿并修改完善，输出终稿，模拟验收过程，填写验收单，确保交付质量。

7. 总结产品海报特效处理技术要点，绘制树状图并修改完善，完成巩固训练。

建议学时

84 学时

学习路径

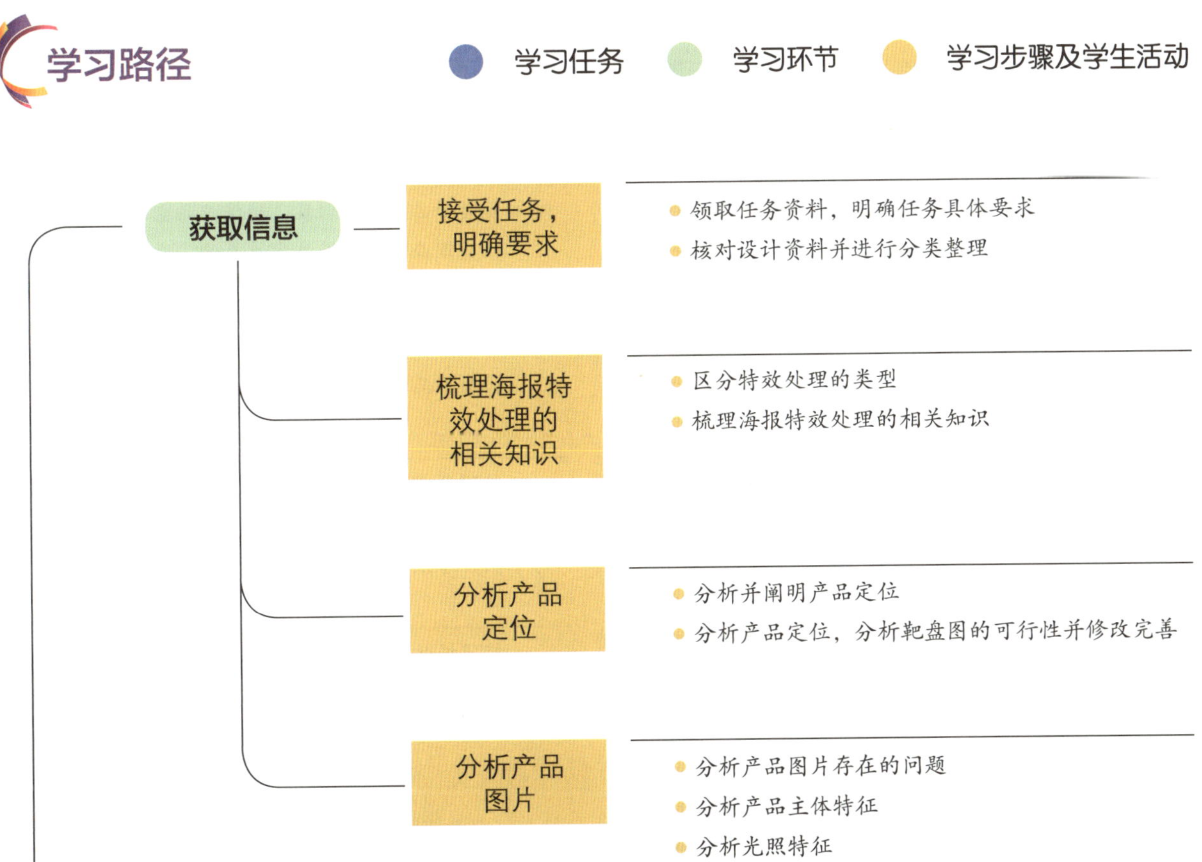

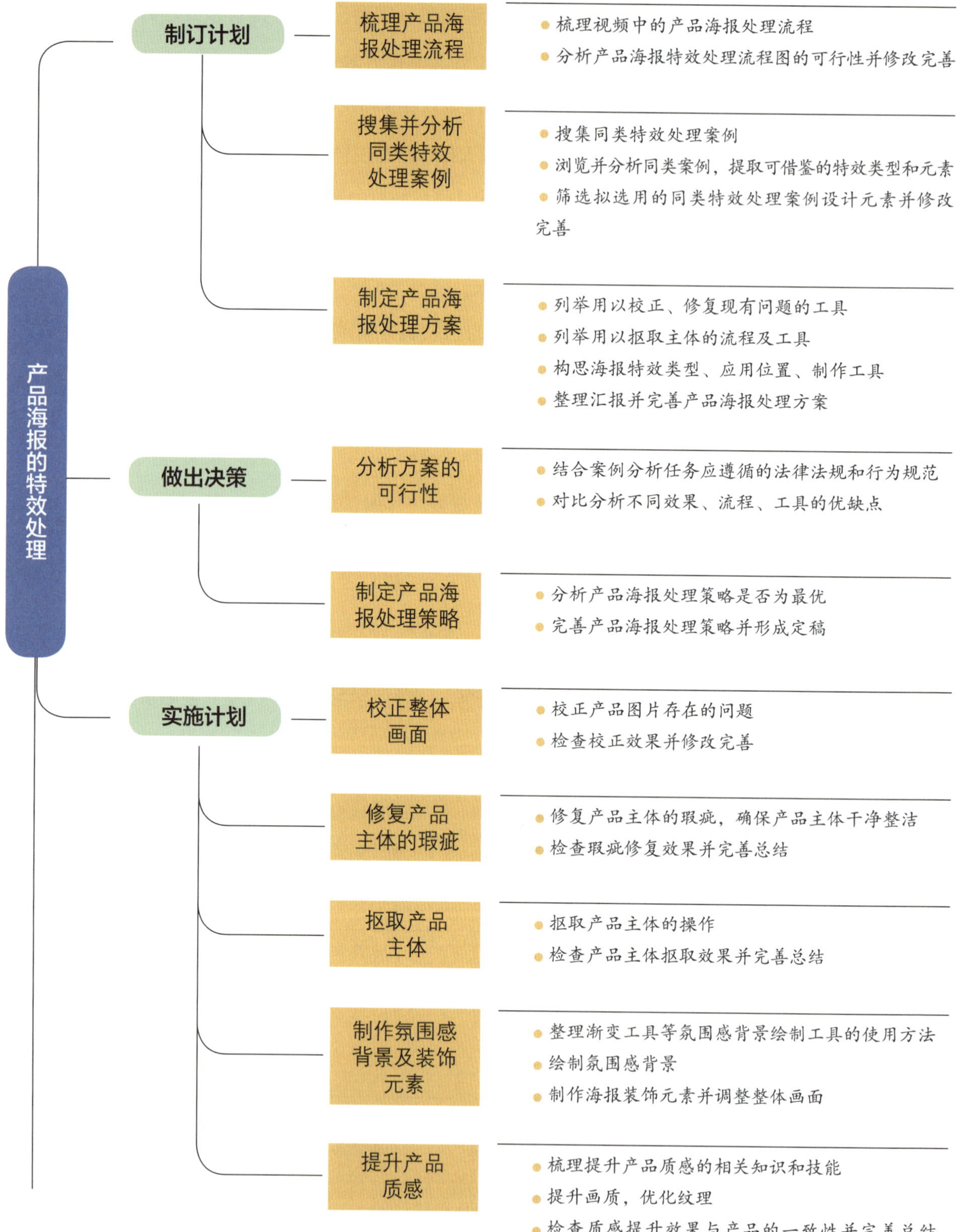
产品海报的特效处理
制订计划
梳理产品海报处理流程
梳理视频中的产品海报处理流程
分析产品海报特效处理流程图的可行性并修改完善
搜集并分析同类特效处理案例
搜集同类特效处理案例
浏览并分析同类案例，提取可借鉴的特效类型和元素
筛选拟选用的同类特效处理案例设计元素并修改完善
制定产品海报处理方案
列举用以校正、修复现有问题的工具
列举用以抠取主体的流程及工具
构思海报特效类型、应用位置、制作工具
整理汇报并完善产品海报处理方案
做出决策
分析方案的可行性
结合案例分析任务应遵循的法律法规和行为规范
对比分析不同效果、流程、工具的优缺点
制定产品海报处理策略
分析产品海报处理策略是否为最优
完善产品海报处理策略并形成定稿
实施计划
校正整体画面
校正产品图片存在的问题
检查校正效果并修改完善
修复产品主体的瑕疵
修复产品主体的瑕疵，确保产品主体干净整洁
检查瑕疵修复效果并完善总结
抠取产品主体
抠取产品主体的操作
检查产品主体抠取效果并完善总结
制作氛围感背景及装饰元素
整理渐变工具等氛围感背景绘制工具的使用方法
绘制氛围感背景
制作海报装饰元素并调整整体画面
提升产品质感
梳理提升产品质感的相关知识和技能
提升画质，优化纹理
检查质感提升效果与产品的一致性并完善总结

- 产品海报的特效处理
  - 添加光效
    - 分析案例中添加光效运用的知识和技能
    - 添加光效并自检效果
    - 检查光效一致性、合理性并完善总结
  - 打造产品立体感
    - 梳理立体感打造的方法和技巧
    - 打造产品立体感的操作
    - 检查光影的一致性并修改完善
    - 完成高阶立体感制作并总结反思
  - 特效文字制作
    - 提炼不同特效文字制作的方法和技能
    - 制作特效文字，实现与画面风格相匹配
    - 检查特效文字与整体风格的一致性并修改完善
    - 完成不同特效文字的制作并总结反思
  - 整体调整
    - 梳理海报整体调整的相关知识和技能
    - 调整海报整体效果，营造视觉焦点
    - 检查海报的统一性与方案的一致性并完善总结
  - 过程控制
    - 输出并检查初稿
      - 完成输出前的处理并输出初稿
      - 自检初稿并修改完善
    - 完善初稿并模拟验收
      - 互检初稿并总结反思
      - 输出终稿，角色扮演模拟验收过程
  - 总结拓展
    - 总结技术要点
      - 总结产品海报特效处理的技术要点
      - 分析技术要点总结的全面性和准确性并修改完善
    - 完成巩固训练
      - 领取任务，提取设计关键信息
      - 制定图片问题处理与特效制作方案
      - 处理图片素材，抠取产品主体和设计元素
      - 添加特效并合成海报
      - 输出、自检并完善

学习环节一　获取信息

学习目标

1. 能独立阅读任务单与产品海报整体设计方案，明确工作时间、文件格式、分辨率等交付要求，使用产品海报特效处理专业术语与教师进行沟通，提炼产品海报整体设计要求、特效处理要求，填写产品海报特效处理任务要求分析表；按照企业素材文件管理要求分类整理设计资料，确保任务理解准确、设计资料完整无误。

2. 能通过小组合作查阅海报类型、户外电子广告屏海报设计原则等资料，整理海报的类型及户外电子广告屏海报设计的原则、规范、注意事项，制作海报知识梳理 PPT，确保内容全面、准确。

3. 能通过小组合作整理产品定位的概念和内容、分析方法，从企业、产品资料中提取企业文化理念、产品受众、调性、特征等信息，制作产品定位分析靶盘图。

4. 能以小组为单位，查看并分析产品图片，检查素材图片存在的透视、曝光、偏色、瑕疵等问题，并进行记录；分析产品主体材质轮廓、与场景物品的色彩差异程度，判断主体特征；观察图片光影结构，分析光源位置及光照方向，填写产品图片问题、主体特征、光源分析表，确保问题查找全面、信息判断准确。

建议学时

6 学时

学习要求

序号	学习步骤	学习内容	学时	备注
1	接受任务，明确要求	实践知识： （1）企业文化、产品介绍、产品图片、海报文案等设计资料的分类整理	1	

续表

序号	学习步骤	学习内容	学时	备注
1	接受任务，明确要求	（2）特效处理要求等任务关键信息的提炼 **理论知识：** 产品海报特效处理专业术语 **能力素养：** （1）信息处理能力 （2）与人沟通的能力		
2	梳理海报特效处理的相关知识	**实践知识：** （1）海报特效处理类型的分析与判断 （2）海报特效处理相关知识的梳理 **理论知识：** （1）户外电子广告屏海报设计的原则 （2）海报特效处理的常见类型 **能力素养：** 信息处理能力	2	
3	分析产品定位	**实践知识：** （1）品牌调性、功能特征、目标受众等宣传推广要求的解读 （2）产品定位分析靶盘图的绘制 **理论知识：** （1）产品定位的概念、内容和方法 （2）产品定位分析靶盘图的要素和规范 **能力素养：** 信息处理能力	1	
4	分析产品图片	**实践知识：** （1）产品图片透视、曝光、偏色、瑕疵等问题的检查与判断 （2）产品主体轮廓特征、材质类型、与场景物品色差程度的分析 （3）光源位置及光照方向的判断 **理论知识：** 光影结构关系 **能力素养：** （1）信息处理能力 （2）热爱劳动	2	

一、接受任务，明确要求

（一）领取任务资料，明确任务具体要求

1. 查阅任务描述中的任务情境，复述任务背景和内容，完成以下问题。

在该任务中，其他部门已完成的工作是（　　），还需重点完成的工作是（　　）。【多选题】

A. 海报文案的撰写　　B. 海报创意的构思

C. 海报整体方案的制定　　D. 产品图片的拍摄

E. 场景素材的准备　　F. 海报的特效处理

2. 小组共同查阅交付要求，明确设计尺寸、分辨率、颜色模式、交付格式、工作周期等基本信息，将表 3–1–1 中的交付要求部分填写完整。

3. 小组共同查阅整体设计要求、特效处理要求，讨论分析产品海报整体设计方案，标注方案中出现的产品海报特效处理专业术语，将表 3–1–1 中的设计要求部分填写完整。

表 3–1–1　　产品海报特效处理任务要求分析表

任务名称		
交付要求	设计尺寸	
	分辨率	
	颜色模式	
	交付格式	
	工作周期	
设计要求	整体设计要求	
	特效处理要求	
	文案内容	

4. 对照产品海报整体设计方案中关于海报内容、构图等创意构思的介绍，及产品海报布局参考图，参考产品的轮廓及位置，在图 3–1–1 中的空白处补充各部分轮廓效果图，并标注各元素具体的设计要求。

（二）核对设计资料并进行分类整理

1. 领取并快速浏览设计资料的内容及格式，小组合作讨论设计资料可依据哪种方式进行分类，可以分为哪些类型，将分类依据及类型填入图 3–1–2 中。

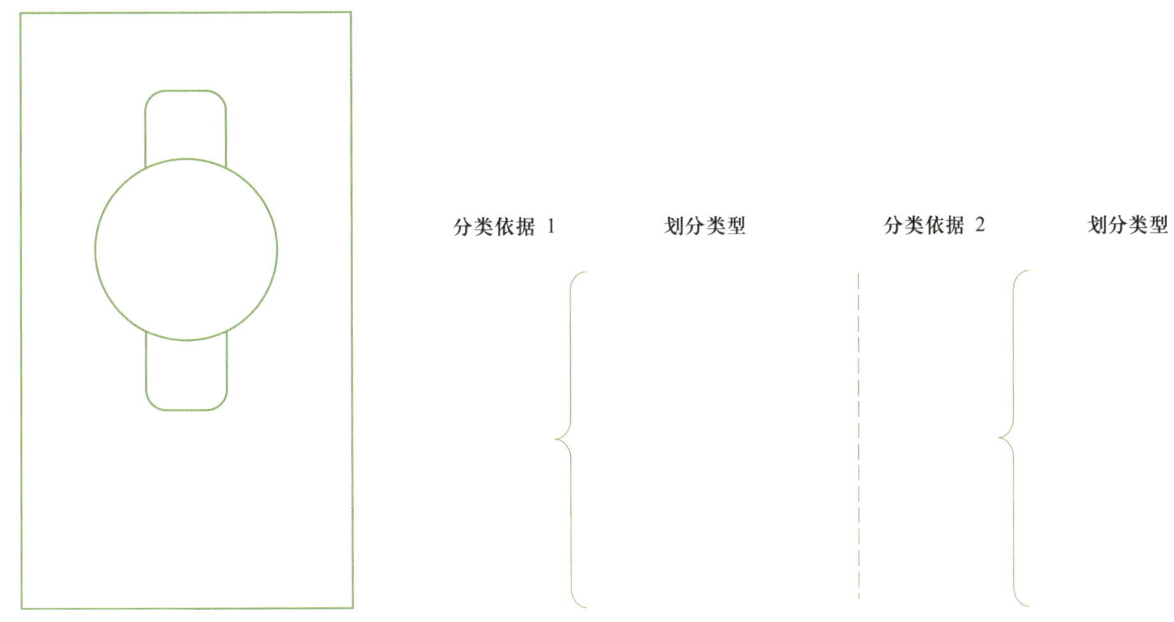

图 3-1-1 产品海报特效处理要求示意图

图 3-1-2 设计资料分类情况示意图

2. 根据提供的素材，核对设计资料的数量和内容，根据上题中的分类方式、内容特征和主要用途对设计资料进行重命名，填入表 3-1-2 中，并将所有设计资料进行分类整理。

表 3-1-2 产品海报特效处理设计资料信息

序号	原名称	应有数量	实际数量	内容核对情况	新名称
1				□完整 □不完整	
2				□完整 □不完整	
3				□完整 □不完整	
4				□完整 □不完整	
5				□完整 □不完整	
6				□完整 □不完整	
7				□完整 □不完整	
8				□完整 □不完整	
9				□完整 □不完整	
10				□完整 □不完整	

二、梳理海报特效处理的相关知识

（一）区分特效处理的类型

1. 查阅信息页中海报类型、户外电子广告屏海报设计原则的相关资料，完成以下问题。

（1）按照传播信息及用途，海报可分为____________、____________、电影海报、文化海报。

（2）在下列选项中，属于户外电子广告屏海报设计原则的是（　　）。【多选题】

A. 户外电子广告屏海报设计应具有独特性，能够吸引行人的注意力

B. 由于户外广告的对象是动态中的行人，设计应简洁明了，突出重点信息

C. 户外电子广告屏海报设计应具有艺术性，能够吸引行人的审美兴趣

D. 在设计中应注重形式与技术的创新，使广告屏具有时代感

2. 查阅信息页中产品海报特效处理作用及常见类型的相关资料，明确海报特效处理的作用、范畴、注意事项，并结合案例分析产品海报的不同特效处理方式。

（1）海报的特效处理是指通过各种技术手段和设计方法，对海报的视觉效果进行增强和优化，在下列选项中，属于海报特效处理作用的是（　　）。【多选题】

A. 增强产品海报的视觉效果和吸引力　　B. 突出产品的特点和优势

C. 提升品牌形象和知名度　　D. 一种有效的市场竞争手段

（2）海报特效的类型繁多，分析表 3–1–3 中的海报案例所应用的特效处理类型。

表 3–1–3　海报特效处理类型分析

氛围感特效	1. 下面哪张海报的氛围感更强		 2. 以下海报中模拟了哪几种效果	
	 □	 □	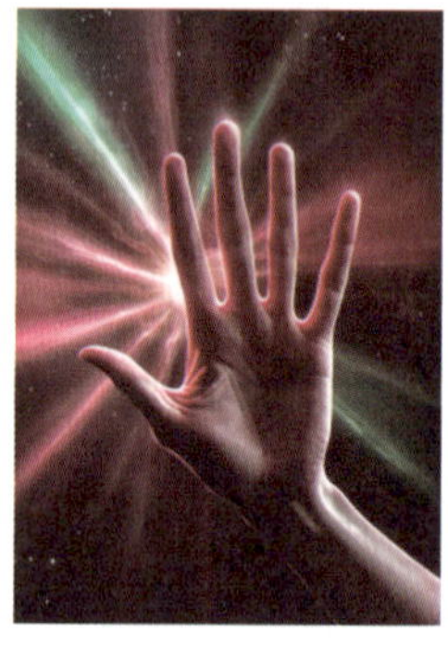	□火焰效果 □烟雾效果 □星尘效果 □极光效果
光效	1. 观察下面的海报，标出光源的位置和方向		2. 以下海报使用了哪几种光效	
				□光斑 □辉光 □光柱 □反光 □光带 □光晕 □其他______

续表

质感特效	1. 在下图中圈出使用了金属特效的部分		2. 下图中的海报模拟了哪些材质	
			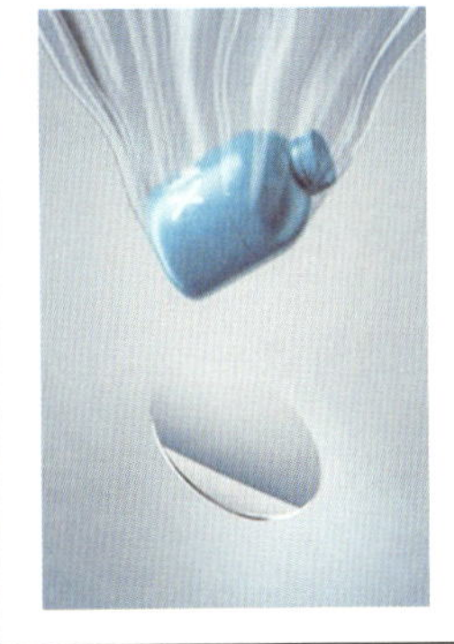	□金属质感 □玻璃质感 □塑料质感 □木纹质感 □毛绒质感 □皮革质感
立体感特效	1. 对比以下两张海报（局部）效果，哪张立体感、层次感更强		2. 请给以下海报（局部）匹配相应的立体感特效 （1）阴影（2）浮雕（3）透视（4）景深	
	 □	 □	 A. ________	 B. ________
文字特效	1. 观察以下海报，哪张海报中的文字使用了特效		2. 以下海报的文字特效分别属于哪种类型 （1）立体字（2）质感字 （3）光效字（4）手绘字	
	 □	 □	 A. ________	 B. ________
动态特效	小组合作搜集一款动态海报			
	1. 观察该动态海报，描述海报的画面发生了哪些变化 ____________ ____________ ____________		2. 该动态海报使用了哪些动态特效 □平移 □旋转 □缩放 □闪烁 □渐隐渐显 □弹性运动 □扭曲变形 □路径动画 □其他____________	

（3）结合上述海报特效处理的相关内容，回顾本任务的特效处理要求，预判本任务将用到的具体特效处理类型。

____

（4）在下列选项中，属于本任务海报特效处理注意事项的是（　　）。【多选题】

A. 要突出产品的特点和调性　　B. 保持整体风格的协调性和一致性

C. 添加更多、更炫的特效　　D. 需要考虑观众的视觉感受

（二）梳理海报特效处理的相关知识

1. 小组合作共同梳理海报的类型、户外电子广告屏海报设计的原则及海报特效处理的作用、范畴、注意事项，制作海报特效处理相关知识梳理 PPT 框架图，如图 3-1-3 所示。

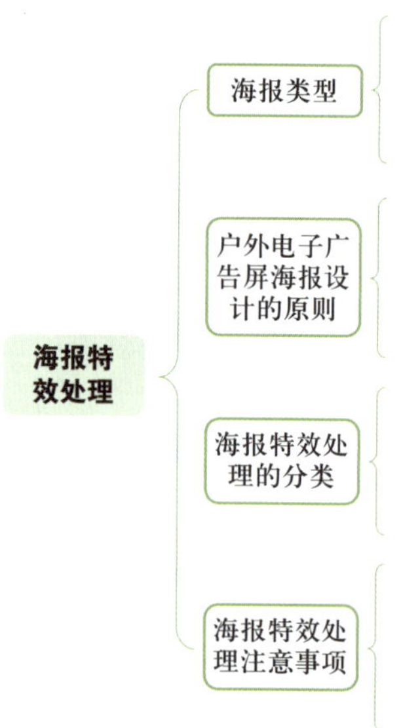

图 3-1-3　海报特效处理相关知识梳理 PPT 框架图

2. 各组选派代表展示海报特效处理相关知识梳理 PPT，听取各组汇报，从知识框架的完整性、准确性及版面的美观性、表述的专业性等方面分析优点，提出建议。

____

____

3. 借鉴各组汇报的优点，与组内成员讨论，明确并记录本组 PPT 需优化改善的内容，小组合作进行修改。

____

____

三、分析产品定位

（一）分析并阐明产品定位

1. 查阅信息页中产品定位的相关资料，明确产品定位的概念、内容及方法。

（1）明确产品所针对的目标消费群体，包括其需求、偏好、购买行为等特征，这种定位内容是（　　）。【单选题】

A. 目标市场定位　　B. 产品功能定位　　C. 产品价格定位　　D. 产品形象定位

（2）产品定位的主要方法包括属性定位法、利益定位法、使用时机定位法、________________、市场空缺定位法和____________________。

2. 研读任务资料中品牌简介和产品介绍的相关内容，与组内成员讨论，判断该款产品的定位方法和定位内容，提取核心价值、品牌调性、功能特点、性能优势、价格定位和目标受众等宣传推广要求，制作产品定位分析靶盘图，如图 3-1-4 所示。

图 3-1-4　产品定位分析靶盘图

（二）分析产品定位，分析靶盘图的可行性并修改完善

1. 各组选派代表展示本组的产品定位分析靶盘图，听取各组汇报，从靶盘图内容的准确性、美观性以及汇报人表达的清晰度等方面分析优点，提出建议。

____

____

2. 查阅信息页中的评分细则，结合各组代表的汇报表现，完成自评和组间互评，填入表 3-1-4 中，根据各方反馈意见进一步修改完善。

表 3-1-4　　评价项目 1：产品定位分析靶盘图评分表

评价项目	评价标准	自我评价（10%）	组间互评（30%）					教师评价（60%）	说明
1. 内容表述（共 3 分）	（1）核心价值和品牌调性分析准确，得 1 分								
	（2）功能特点和性能优势分析准确，得 1 分								
	（3）价格定位和目标受众分析准确，得 1 分								
2. 外观效果（共 2 分）	（1）设计风格与产品风格一致，得 1 分								
	（2）美观简洁，得 1 分								
合计得分（共 5 分）									
最终得分（自我评价 10%+ 组间互评 30%+ 教师评价 60%）									
互评人签字：				教师签字：					

四、分析产品图片

（一）分析产品图片存在的问题

1. 使用 Photoshop 等图片处理软件打开产品图片，分析产品图片的整体结构、色调、颜色、局部细节，小组合作共同分析产品图片存在的透视、曝光、偏色、瑕疵等问题。

（1）观察产品轮廓形状，在产品图片上标注可以用于观察透视关系的参考线和线条交点，判断是否存在透视问题，分析原因，填入表 3-1-5 中。

表 3-1-5　　产品图片透视问题分析

分析类别	绘制参考线	判断方法	是否存在问题	原因分析
透视			□透视准确 □整体变形 □局部变形 变形部位： ________	

（2）观察直方图的形状，在表 3–1–6 中绘制直方图的轮廓图，分析像素信息分布特征，判断图片是否存在曝光问题，并分析原因。

表 3–1–6　产品图片曝光问题分析

分析类别	绘制参考线	判断方法	是否存在问题	原因分析
曝光		□左侧堆积 □右侧堆积 □两端缺失 □分布均匀	□曝光准确 □曝光不足 □曝光过度	

（3）从产品图片的高光、暗部、中间调选择三个点，使用吸管工具吸取颜色，记录并比对 RGB 的色值，判断产品图片是否存在偏色问题，填入表 3–1–7 中。

表 3–1–7　产品图片偏色问题分析

取样点	R	G	B	RGB 色值分析	偏色情况
高光取样点				□相等　□__偏大	□不偏色　□偏__色
暗部取样点				□相等　□__偏大	□不偏色　□偏__色
中间调取样点				□相等　□__偏大	□不偏色　□偏__色
是否偏色	□不偏色　□偏__色				

（4）放大图片观察产品各部位的细节特征，分析产品主体是否存在指纹、划痕、灰尘、噪点等常见瑕疵，标注瑕疵较为集中的区域，填入表 3–1–8 中。

表 3–1–8　产品图片瑕疵问题分析

分析类别	类型	面积	标注瑕疵集中区域
瑕疵	指纹	□点状　□线状　□块状　□带状	
	划痕	□点状　□线状　□块状　□带状	
	灰尘	□点状　□线状　□块状　□带状	
	噪点	□点状　□线状　□块状　□带状	
		□点状　□线状　□块状　□带状	

2. 将以上对产品图片问题的分析情况，填入表 3-1-9 中。

表 3-1-9　产品图片问题分析

分析类别	分析内容	存在问题
图片问题	透视	
	曝光	
	偏色	
	瑕疵	

3. 各组选派代表分享图片问题分析过程与结果，听取各组的汇报，记录各组图片问题分析的方法和分析结果的准确性，填入表 3-1-10 中。

表 3-1-10　图片问题分析结果

组名	透视		曝光		偏色		瑕疵	
	分析方法	是否准确	分析方法	是否准确	分析方法	是否准确	分析方法	是否准确
		□是 □否		□是 □否		□是 □否		□是 □否
		□是 □否		□是 □否		□是 □否		□是 □否
		□是 □否		□是 □否		□是 □否		□是 □否
		□是 □否		□是 □否		□是 □否		□是 □否
		□是 □否		□是 □否		□是 □否		□是 □否
		□是 □否		□是 □否		□是 □否		□是 □否

想一想

还有哪些关于产品图片常见问题的观察分析方法？

____

____

____

____

（二）分析产品主体特征

1. 小组合作共同分析产品主体轮廓及材质类型、与场景中辅助拍摄物品或周边道具的色差程度，填入表 3-1-11 中。

表 3-1-11　　产品图片主体特征分析

分析类别	轮廓特征	材质类型	与背景色彩差别
主体特征	□规则轮廓 □不规则轮廓	材质名称：________	□纯色背景 □杂乱背景
	□清晰边缘 □不清晰边缘	□不透明　□半透明　□透明	□色差明显 □色差不明显

2. 各组选派代表分享产品主体特征分析过程与结果，听取各组汇报，记录各组对产品主体特征的分析是否准确，准确的项目画“√”，完成表 3-1-12 的填写。

表 3-1-12　　主体特征分析情况记录表

组名	轮廓特征		材质类型		与背景色彩差别	
	规则度分析准确	清晰度分析准确	材质分析准确	透明度分析准确	背景色分析准确	与背景色差分析准确

想一想

分析产品主体轮廓、材质、与背景的色彩差异程度的目的是什么？

____

____

____

（三）分析光照特征

1. 查阅信息页中光位分析的相关资料，明确如何根据产品图片中的光影结构分析光位。

（1）判断照片的光位，可以从（　　）等方面进行观察和分析。【多选题】

A. 物体影子的方向　　　　B. 物体影子的长度

C. 物体的高光　　　　　　D. 物体表面的明暗对比

（2）将下列静物的拍摄效果图与对应的布光图用线连接起来。

布光图

拍摄效果图

2. 小组合作共同观察产品图片的光影结构，判断光源位置和光照方向，并在产品图片上进行标注，填入表 3-1-13 中。

表 3-1-13　　产品图片光源分析表

分析类别	分析内容	判断方法	光源分析标注
光源分析	光源位置		
	光照方向		

3. 各组选派代表分享光源分析的过程与结果，记录各组的分析方法，判断其分析结果和表述是否准确，填入表 3-1-14 中。

表 3-1-14　　光源分析情况记录表

组名	光源位置		光照方向	
	分析方法	分析是否准确	分析方法	分析是否准确

4. 查阅信息页中的评分细则，完成组间互评，填入表 3-1-15 中，并进行修改完善。

表 3-1-15　　评价项目 2：产品图片问题、主体特征、光源分析评分表

评价项目	评价标准	组间互评（30%）						教师评价（70%）	说明
1. 产品图片问题分析（共 2 分）	（1）透视分析准确，得 0.5 分								
	（2）曝光分析准确，得 0.5 分								
	（3）色彩分析准确，得 0.5 分								
	（4）瑕疵分析准确，得 0.5 分								
2. 产品主体特征分析（共 2 分）	（1）主体轮廓特征分析准确，得 1 分								
	（2）材质类型分析准确，得 0.5 分								
	（3）背景色差分析准确，得 0.5 分								
3. 光照特征分析（共 1 分）	（1）光源位置分析准确，得 0.5 分								
	（2）光照方向分析准确，得 0.5 分								
合计得分（共 5 分）									
最终得分（组间互评 30%+ 教师评价 70%）									
互评人签字：					教师签字：				

学习环节二 制订计划

学习目标

1. 能采用小组合作的方式，梳理产品图片处理和特效制作的关键步骤，绘制产品海报处理流程图。

2. 能采用小组合作的方式，根据任务要求和任务资料的解读，选择适当的关键词搜集同类产品特效处理案例，整理同类特效海报案例库，确保搜集案例关联度高；分析同类产品特效处理案例，提炼并筛选可借鉴的特效类型和设计元素，填写同类产品特效海报分析表，确保提取信息有效。

3. 能采用小组合作的方式，梳理产品海报处理流程，绘制产品海报处理流程图；根据产品图片存在的透视、偏色、曝光、瑕疵等问题，列举用以校正修复现有问题的工具；根据产品主体轮廓类型、与背景的色彩差异程度，列举可用于抠取主体的方式及工具，制定产品主体校正、修复、抠取方案；根据特效处理要求、素材分析、同类产品特效参考，构思海报特效类型、应用位置、制作工具，制定产品特效制作方案；确保产品海报处理方案思路清晰、严谨，具有很强的可执行性。

建议学时

6 学时

学习要求

序号	学习步骤	学习内容	学时	备注
1	梳理产品海报处理流程	**实践知识：** 产品海报处理流程的梳理 **理论知识：** 产品图片处理和特效制作的关键步骤	1	

续表

序号	学习步骤	学习内容	学时	备注
2	搜集并分析同类特效处理案例	**实践知识：** （1）同类特效海报检索关键词的确定 （2）同类特效海报案例的搜集与识别 （3）可借鉴特效类型和设计元素的提取 **理论知识：** 海报特效处理设计元素的提炼方法 **能力素养：** （1）信息检索能力 （2）信息处理能力	2	
3	制定产品海报处理方案	**实践知识：** （1）匹配产品图片问题的校正修复工具的列举 （2）匹配产品主体特征的抠取工具的列举 （3）产品海报特效制作流程、应用位置、制作工具的构思 **理论知识：** （1）不同类型产品图片校正、修复的方式、工具 （2）常见海报特效处理类型及制作方式、工具 **能力素养：** 信息处理能力	3	

一、梳理产品海报处理流程

（一）梳理视频中的产品海报处理流程

1. 观看产品海报的制作视频，记录产品海报制作的关键步骤。

____

____

2. 小组讨论视频中产品图片问题处理、主体抠取和特效制作的顺序和关键步骤，梳理产品海报处理流程，绘制产品海报处理流程图。

（1）回顾视频中的制作流程，下列关键步骤的顺序是__________。

1）问题处理　2）特效制作　3）主体抠取

这一顺序可以调整吗？为什么？ ________________________________

（2）回顾视频中产品图片问题处理的流程，下列关键步骤的顺序是__________。

1）校正透视　2）修复瑕疵　3）校正偏色　4）校正曝光

（3）回顾视频中特效处理的流程，下列产品海报特效制作关键步骤的顺序是________。

1）营造氛围感　2）提升质感　3）添加光效　4）制作特效文字　5）打造立体感

（4）从产品图片存在问题处理、主体抠取和特效制作三个方面，梳理产品海报处理流程，绘制产品海报特效处理流程图，如图 3-2-1 所示。

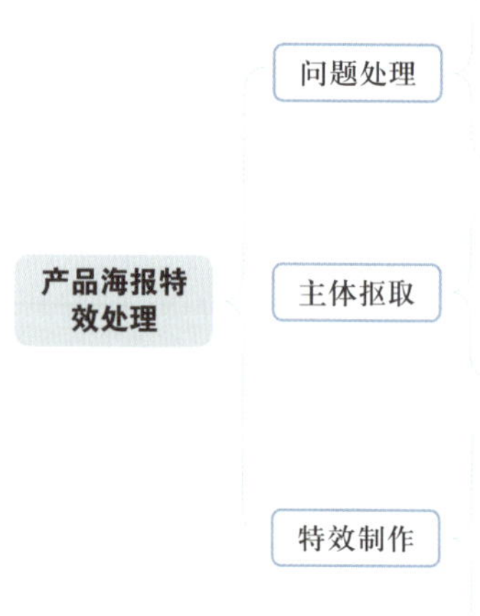

图 3-2-1　产品海报特效处理流程图

（二）分析产品海报特效处理流程图的可行性并修改完善

1. 各组选派代表展示产品海报特效处理流程图，听取各组汇报，从整体框架的完整性、制作流程的逻辑性、表述的专业性等方面分析优点，提出建议。

____

____

2. 借鉴各组汇报的优点，与组内成员讨论，明确并记录本组流程图需优化完善的问题，共同完善产品海报特效处理流程图。

二、搜集并分析同类特效处理案例

（一）搜集同类特效处理案例

1. 解读任务资料中产品介绍、整体设计方案、特效处理要求部分，小组合作进行头脑风暴，讨论并确定同类特效处理案例检索关键词（同类特效处理案例包括同类产品海报、与特效处理要求匹配度较高的制作案例）。

（1）小组成员共同分析产品特征、整体设计思路和要求，每人提出 3 个同类产品海报案例检索关键词，筛选与本产品品类、定位关联度较高的关键词，记录到表 3–2–1 中。

表 3-2-1　同类特效处理案例检索关键词

案例类别	成员	关键词 1	关键词 2	关键词 3	小组关键词
同类产品海报					

（2）小组成员共同分析特效处理要求，讨论产品海报氛围感营造、质感提升、光效制作、立体感打造、特效文字案例的关键词，筛选出与特效处理要求匹配度较高的关键词，填入表 3–2–2 中。

表 3-2-2　与特效处理要求匹配度较高的制作案例检索关键词

案例类别	特效类型	关键词 1	关键词 2	关键词 3	关键词 4	关键词 5
与特效处理要求匹配度较高的制作案例	氛围感营造					
	质感提升					
	光效制作					
	立体感打造					
	特效文字					

2. 小组分工合作，搜集同类产品海报、与特效处理要求匹配度较高的制作案例，分类上传到学习平台的班级同类特效处理案例资源库。

（1）根据上题中小组共同确定的同类产品海报搜集关键词，合理分工，在不同平台搜集相关案例，每人选取 2 个案例，以“组名—关键词—序号”（如“1 组—运动手表—案例 1”）的形式命名，填入表 3-2-3 中，并将搜集案例上传至共享文件夹。

表 3-2-3　同类产品海报搜集记录

序号	关键词	搜索人	搜索平台	关键词是否有效
1				□是　□否
2				□是　□否
3				□是　□否
4				□是　□否
5				□是　□否

想一想

上述这些有效关键词有哪些共同点？

____

____

（2）小组分工合作，分别负责搜集氛围感营造、质感提升、光效制作、立体感打造、特效文字制作等特效处理相关案例，每种特效选取 2 ~ 3 个案例，可包含效果图、操作视频、文案等形式，以“组名—特效类型—序号—形式”（如“1 组—氛围感营造—案例 1 —效果图”）的方式命名，并上传至共享文件夹“与特效处理要求匹配度较高的制作案例库”，填入表 3-2-4 中。

表 3-2-4　与特效处理要求匹配度较高的制作案例搜集记录

特效类型	搜索人	搜索平台	有效关键词	案例名称
氛围感营造				
质感提升				

续表

特效类型	搜索人	搜索平台	有效关键词	案例名称
光效制作				
立体感打造				
特效文字制作				

（二）浏览并分析同类案例，提取可借鉴的特效类型和元素

1. 浏览班级共享文件夹“同类产品海报案例”，以小组为单位共同分析氛围感营造、质感提升、光效制作、立体感打造、特效文字制作等特效类型，提炼同类特效制作案例中运用的设计元素。

（1）观察图 3-2-2 中的产品海报采用了哪几种特效处理类型？

□氛围感特效　　□质感特效　　□光效

□立体感特效　　□文字特效　　□其他______

（2）在图 3-2-2 中圈出应用特效的位置，并分析这一特效采用了哪些设计元素。

图 3-2-2　同类产品海报案例特效应用位置标注图

（3）小组共同选取 5 个典型案例，讨论说明可借鉴的特效类型，提炼同类产品海报案例中常用的设计元素，填入表 3-2-5 中。

表 3-2-5　　同类产品海报案例设计元素提取

序号	典型案例	氛围感营造	质感提升	光效制作	立体感打造	特效文字制作
例	2组—运动手表—案例1	背景：黑白灰渐变 装饰物：烟雾	贴图质感：拉丝金属	光斑 光晕 反光	底部投影 绘制长投影	无
1						
2						
3						
4						
5						

2. 浏览班级共享文件夹，根据产品海报的特效设计要求及产品定位分析，小组分工合作，每种特效类型选取3个典型案例，分析案例可借鉴的设计元素，填入表3-2-6中。

表 3-2-6　　可借鉴的特效类型和设计元素

特效类型	典型案例名称	可借鉴的设计元素
氛围感营造		
质感提升		
光效制作		
立体感打造		
特效文字		

（三）筛选拟选用的同类特效处理案例设计元素并修改完善

1. 小组合作共同梳理表 3–2–5 和表 3–2–6，再次比对整体设计方案和特效处理要求，筛选出本任务将要采用的特效类型和设计元素，填入表 3–2–7 中。

表 3–2–7　同类特效处理案例设计元素分析表

案例名称	氛围感营造	质感提升	光效制作	立体感打造	特效文字制作

2. 各组选派代表展示分享设计元素分析表，听取各组汇报，判断各组搜集案例的有效性、提炼设计元素的准确性，在表 3–2–8 中记录存在的问题并提出修改建议。

表 3–2–8　同类特效处理案例设计元素分析记录表

组名	案例是否有效	设计元素是否准确	存在的问题	修改建议
	□是　□否	□是　□否		
	□是　□否	□是　□否		
	□是　□否	□是　□否		
	□是　□否	□是　□否		
	□是　□否	□是　□否		
	□是　□否	□是　□否		

3. 查阅信息页中的评分细则，查看班级同类特效处理案例资源库中各组搜集案例的有效性和被借鉴的情况，结合各组的展示汇报，完成自我评价和组间互评，并说明理由，填入表 3–2–9 中，根据各方反馈意见进一步修改完善。

表 3–2–9　评价项目 3：同类特效处理案例的搜集与分析评分表

评价项目	评价标准	自我评价（10%）	组间互评（30%）						教师评价（60%）	说明
1. 在规定时间内检索出同类产品案例										

续表

<table>
<tr><th>评价项目</th><th>评价标准</th><th>自我评价（10%）</th><th colspan="6">组间互评（30%）</th><th>教师评价（60%）</th><th>说明</th></tr>
<tr><td>2. 准确识别与特效制作要求相关的制作案例</td><td rowspan="2">一般（0 ~ 1 分）
良好（2 ~ 3 分）
优秀（4 ~ 5 分）
注：每项单独评分，合计时取三项的平均值</td><td></td><td></td><td></td><td></td><td></td><td></td><td></td><td></td><td></td></tr>
<tr><td>3. 准确提取可借鉴氛围营造、质感提升、光效、立体感打造的特效表现形式和设计元素</td><td></td><td></td><td></td><td></td><td></td><td></td><td></td><td></td><td></td></tr>
<tr><td colspan="2">合计得分（共 5 分）</td><td colspan="9"></td></tr>
<tr><td colspan="2">最终得分（自我评价 10%+ 组间互评 30%+ 教师评价 60%）</td><td colspan="9"></td></tr>
<tr><td colspan="2">互评人签字：</td><td colspan="9">教师签字：</td></tr>
</table>

三、制定产品海报处理方案

（一）列举用以校正、修复现有问题的工具

根据“产品图片问题、主体特征、光源分析表”中对素材图片存在的透视、曝光、偏色、瑕疵等问题的描述及瑕疵集中出现位置的标注，找出解决产品图片问题的方法，列举用以校正整体画面、修复瑕疵污点的工具。

1. 回顾前期学习任务，列举可以用来整体校正和修复瑕疵的工具。

透视校正工具：______________________________

____

曝光校正工具：______________________________

____

偏色校正工具：______________________________

____

瑕疵修复工具：______________________________

____

2. 根据在学习任务一和学习任务二中学习的用以校正透视、曝光、偏色的工具及其优缺点，结合学习环节一“产品图片问题、主体特征、光源分析表”中对产品图片存在的透视、曝光、偏色等问题的分析，列举用以对产品图片校正整体画面的工具。

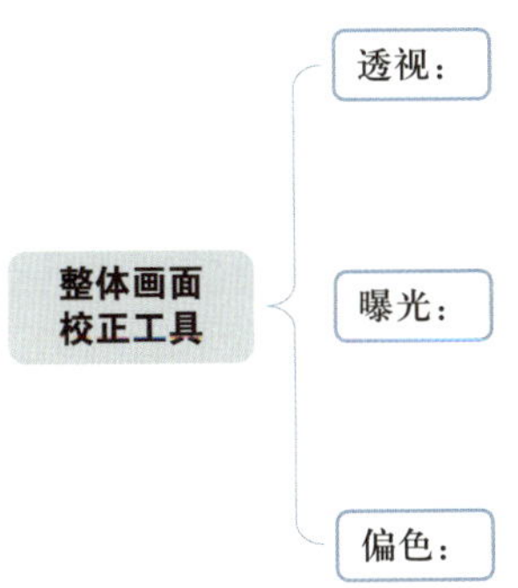

3. 根据在学习任务一和学习任务二中学习的用以修复瑕疵的工具、流程及其优缺点，结合学习环节一“产品图片问题、主体特征、光源分析表”中对产品图片存在瑕疵类型的分析，列举用以对产品图片修复瑕疵污点的流程和工具。

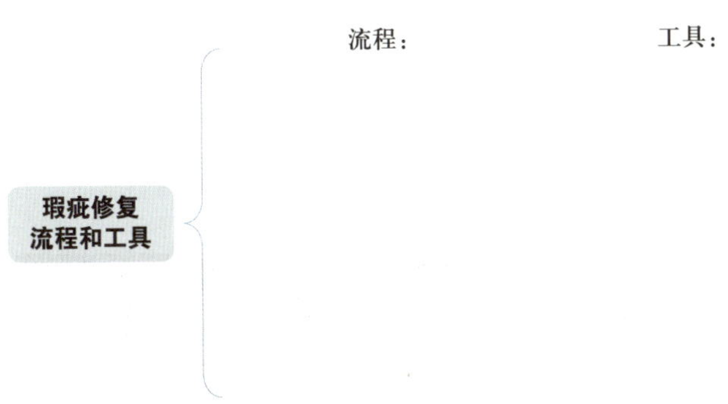

（二）列举用以抠取主体的流程及工具

根据“产品图片问题、主体特征、光源分析表”中对产品主体轮廓、材质类型、与背景色差程度的分析，列举用以抠取产品主体的流程和工具。

1. 回顾在学习任务二中学习的用以抠取主体的流程和工具，列举出来。

____

____

____

2. 根据在学习任务一和学习任务二中学习的用以抠取主体的工具、流程及其优缺点，结合对本任务产品主体轮廓材质类型与背景色差程度的分析，列举用以抠取产品主体的流程和工具。

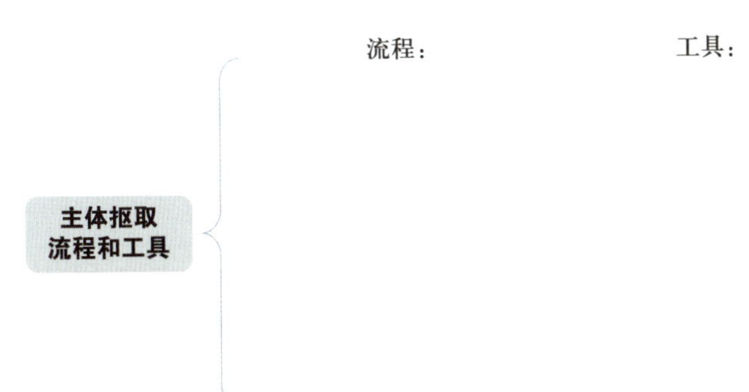

（三）构思海报特效类型、应用位置、制作工具

根据特效处理要求、产品定位分析、同类特效处理案例，结合表 3-2-7 中提取的可借鉴设计元素，小组讨论氛围感营造、质感提升、光效制作、立体感打造、特效文字的设计元素，制作流程、工具、应用位置。

1. 根据同类特效处理案例设计元素分析表，查阅信息页中产品氛围感营造的相关资料，列举氛围感营造设计元素的制作流程、工具、应用位置。

（1）要绘制的背景类型是（　　）背景。**【单选题】**

A. 纯色　　　　B. 渐变色　　　　C. 纹理

（2）分析任务资料中装饰元素图片素材的主体轮廓与背景的色差程度，用以抠取装饰元素的工具是____________________。

（3）观察图 3-2-3 和图 3-2-4，思考星云对应的制作工具，将选项“①画笔工具—高斯模糊”“②旋转扭曲滤镜—图层样式（渐变叠加）”填入下方的括号中。

图 3-2-3　星云 1 效果图

（　　）

图 3-2-4　星云 2 效果图

（　　）

想一想

螺旋状星云和带状星云哪种更适合衬托本任务的产品？为什么？

____

____

（4）根据表 3-2-7 中可借鉴的氛围感营造设计元素，回顾图 3-1-1 中星空、星云、高山大地的位置，小组共同讨论氛围感营造设计元素的制作流程、工具、应用位置，填入表 3-2-10 中。

表 3-2-10　　氛围感营造设计元素的制作流程、工具、应用位置

类别	设计元素	制作流程	工具	应用位置
例	星云	1. 绘制团块形状进行模糊 2. 调整色彩、不透明度、混合模式	钢笔工具 高斯模糊	背景上半部分
氛围感营造				

2. 根据表 3-2-7，查阅信息页中提升产品质感的相关资料，列举质感提升的制作流程、工具、应用位置。

（1）任务资料中提供了拉丝金属贴图，可以使用__________工具为产品替换材质贴图。

（2）根据特效处理要求，小组共同分析本任务产品主体需要提升质感的位置，根据提示内容在图 3-2-5 中的产品图片上进行标注。

图 3-2-5　质感提升位置标注图

（3）提高产品清晰度的制作工具包括（　　）工具。【多选题】

A. 高反差保留　　　　B. 表面模糊滤镜

C. 选取　　　　D. 油漆桶

（4）查阅信息页中提升产品质感方法的相关资料，根据表 3-2-7 中可借鉴的质感提升设计元素，参考质感提升案例，列举质感提升设计元素的制作流程、工具、应用位置，填入表 3-2-11 中。

表 3-2-11　　质感提升设计元素的制作流程、工具、应用位置

类别	设计元素	制作流程	工具	应用位置
例	金属材质	1. 重新绘制指针轮廓 2. 制作浅灰—深灰色渐变	渐变工具	指针
质感提升				

3. 根据表 3-2-7，查阅信息页中关于为产品添加光效的相关资料，列举不同光效的制作流程、工具、应用位置。

（1）列出你知道的光效种类：____

____

（2）根据下面的提示，思考图 3-2-6 中运用了哪些光效，在图 3-2-6 中标注出来。

图 3-2-6　光效设计元素及位置标注图

（3）根据不同光效的制作方法和工具，判断下列说法是否正确（正确的画“√”，错误的画“×”）。

1）可以采用渐变工具绘制反光光效。（　　）

2）采用场景模糊滤镜和镜头光晕滤镜制作的光晕效果是一样的。（　　）

（4）查阅信息页中为产品添加光效的相关资料，根据表 3-2-7 中可借鉴的光效制作设计

元素，参考光效制作案例，列举光效设计元素的制作流程、制作工具、应用位置，填入表 3-2-12 中。

表 3-2-12　　光效设计元素的制作流程、工具、应用位置

类别	设计元素	制作流程	工具	应用位置
例	玻璃反光	1. 绘制白色到透明的渐变 2. 设置不透明度	渐变工具	玻璃镜面右上方
光效添加				

4. 根据表 3-2-7，查阅信息页中为产品打造立体感的相关资料，列举打造立体感设计元素的制作流程、工具、应用位置。

（1）可以用来打造产品立体感的图层样式有（　　）。【多选题】

A. 斜面和浮雕　　B. 描边　　C. 内阴影　　D. 投影

（2）可以用于绘制产品主体长投影的工具有（　　）工具。【多选题】

A. 画笔　　B. 渐变　　C. 蒙版　　D. 魔棒

（3）本任务可以采用哪些方式打造立体感？在图 3-2-7 中标注出立体感打造方式、应用位置，可根据实际需要绘制出阴影大致轮廓及效果。

图 3-2-7　立体感打造设计元素、位置、轮廓标注图

（4）查阅信息页中为产品打造立体感的相关资料，根据表 3–2–7 中可借鉴的立体感打造设计元素，参考立体感打造案例，列举立体感设计元素的制作流程、工具、应用位置，填入表 3–2–13 中。

表 3–2–13　　立体感设计元素的制作流程、工具、应用位置

类别	设计元素	制作流程	工具	应用位置
例	长投影	1. 描摹产品整体轮廓，并拉伸变形 2. 根据光源位置添加渐变模拟光影	钢笔工具 渐变工具	表链下方
立体感打造				

5. 根据表 3–2–7，查阅信息页中特效文字制作的相关资料，列举特效文字的设计元素、制作方式和工具。

（1）你打算制作哪种类型的特效文字？

□立体字　□质感字　□光效字　□渐变字　□变形字

□手绘字　□粒子字　□其他＿＿＿＿＿＿＿＿＿＿

（2）你打算使用哪些字体？

＿＿＿＿＿＿＿＿＿＿＿＿＿＿＿＿＿＿＿＿＿＿＿＿＿＿＿＿＿＿

＿＿＿＿＿＿＿＿＿＿＿＿＿＿＿＿＿＿＿＿＿＿＿＿＿＿＿＿＿＿

（3）查阅信息页中特效文字制作的相关知识，根据表 3–2–7 中可借鉴的特效文字设计元素，参考特效文字制作案例，结合“整体设计方案”中对文案的应用位置描述，列举特效文字设计元素的制作流程、工具、应用位置，填入表 3–2–14 中。

表 3–2–14　　特效文字设计元素的制作流程、工具、应用位置

类别	设计元素	制作流程	工具	应用位置
例	金沙文字	1. 创建文字 2. 设置图案填充样式	文字工具 图层样式	中下方 主题文字
特效文字制作				

（四）整理汇报并完善产品海报处理方案

1. 小组合作共同整理产品海报处理方案，包括产品主体校正、修复、抠取处理方案和产品海报特效处理方案。

（1）梳理校正整体画面、修复瑕疵污点、抠取主体的流程及工具，填入表 3–2–15 中。

表 3-2-15 产品主体校正、修复、抠取处理方案

处理内容		流程	工具
校正整体画面	透视		
	曝光		
	偏色		
修复瑕疵污点	噪点		
	灰尘		
	指纹		
	划痕		
	其他___		
抠取产品主体的流程及工具			

（2）梳理氛围感营造、质感提升、光效制作、立体感打造、特效文字等设计元素的制作流程、工具、应用位置，完成表 3–2–16 的填写。

表 3-2-16 产品海报特效处理方案

类别	设计元素	制作流程	工具	应用位置
氛围感营造				
质感提升				

续表

类别	设计元素	制作流程	工具	应用位置
光效制作				
立体感打造				
特效文字				

2. 各组选派代表展示汇报产品海报处理方案，包括产品主体校正、修复、抠取处理方案和产品海报特效处理方案，并重点介绍方案中的特效处理部分，听取各组汇报，并从制作工具的适配性、应用位置的合理性、表述的专业性等方面分析优点，提出建议。

____

____

3. 查阅信息页中的评分细则，完成组间互评并说明理由，填入表 3-2-17 中，根据各方反馈意见进一步修改完善。

表 3-2-17　　评价项目 4：产品海报特效处理方案评分表

评价项目	评价标准	组间互评（30%）						教师评价（70%）	说明
1. 氛围感营造方案（共 2 分）	（1）制作工具适配性高，得 1 分								
	（2）应用位置合理，得 1 分								
2. 质感提升方案（共 2 分）	（1）制作工具适配性高，得 1 分								
	（2）应用位置合理，得 1 分								

续表

评价项目	评价标准	组间互评（30%）						教师评价（70%）	说明
3. 光效制作方案（共2分）	（1）制作工具适配性高，得1分								
	（2）应用位置合理，得1分								
4. 立体感打造方案（共2分）	（1）制作工具适配性高，得1分								
	（2）应用位置合理，得1分								
5. 特效文字制作方案（共2分）	（1）制作工具适配性高，得1分								
	（2）应用位置合理，得1分								
合计得分（共10分）									
最终得分（组间互评30%+教师评价70%）									
互评人签字：				教师签字：					

学习环节三 做出决策

学习目标

1. 能通过小组合作的形式，查阅产品海报的设计内容、商标使用范围等相关法律法规，梳理不同校正、修复、主体抠取、特效制作方式的适用场景、优缺点和可实现的效果，并进行对比分析，制定透视、色调、曝光校正、瑕疵修复、主体抠取、特效处理等海报处理策略，填写产品主体校正、修复、抠取制作方式及工具决策表和产品海报特效制作方式及工具决策表，确保海报特效处理流程、工具选用合理高效。

2. 能采用小组汇报的方式，展示并说明产品主体校正、修复、抠取策略与产品海报特效制作策略，认真听取、准确记录反馈意见，填写汇报优缺点记录表；根据教师的反馈意见，完善海报处理策略，形成定稿，反思总结解决问题的过程、输出成果的质量，填写方案制定与决策实践反思表。

建议学时

6 学时

学习要求

序号	学习步骤	学习内容	学时	备注
1	分析方案的可行性	**实践知识：** （1）产品图片校正修复方式、工具的选择 （2）产品抠取主体方式、工具的选择 （3）产品海报特效制作方式、工具、应用位置的选择 **理论知识：** （1）《中华人民共和国广告法》中的广告内容准则与行为规范	4	

续表

序号	学习步骤	学习内容	学时	备注
1	分析方案的可行性	（2）《中华人民共和国商标法》第六章“商标使用的管理”、第七章“注册商标专用权的保护” （3）不同海报特效可实现的效果、制作流程、工具、优缺点 **能力素养：** （1）信息处理能力 （2）严谨细致		
2	制定产品海报处理策略	**实践知识：** 特效制作流程及工具决策表的汇报与说明 **能力素养：** 与人沟通的能力	2	

一、分析方案的可行性

（一）结合案例分析任务应遵循的法律法规和行为规范

查阅《中华人民共和国广告法》和《中华人民共和国商标法》，明确广告内容准则和行为规范，确保设计内容和行为符合授权范围。

1. 阅读以下案例，指出案例中存在的违法行为，并说明应该如何整改。

某地市场监督管理局执法人员在市场检查中发现一从事服装经营的店铺正在举行宣传活动，现场的广告宣传背景为红色底、图形左上方缀五颗黄色五角星，配有“本店倒闭”“全场1折”“彻底不干了”等黄色字样。

服装店的违法行为：____

服装店应执行的整改措施：____

2. 某集团公司以某食品公司产品包装使用的“白家”竖排楷体商标侵犯其“白象”注册商标的专用权为由，向当地中级人民法院提起诉讼，法院判决该食品公司的行为构成商标侵权。该食品公司违反了《中华人民共和国商标法》第五十七条规定的（　　）情形。【单选题】

A. 未经商标注册人的许可，在同一种商品上使用与其注册商标相同的商标的

B. 未经商标注册人的许可，在类似商品上使用与其注册商标相同或者近似的商标，容易导致混淆的

C. 伪造、擅自制造他人注册商标标识或者销售伪造、擅自制造的注册商标标识的

D. 故意为侵犯他人商标专用权行为提供便利条件，帮助他人实施侵犯商标专用权行为的

（二）对比分析不同效果、流程、工具的优缺点

1. 依据产品海报特效处理方案和相关标准规范，小组合作共同梳理不同校正、修复、抠取、特效制作的流程和工具，对比分析不同方法可实现的效果及其优缺点。

（1）以小组为单位，对表 3–2–15 中整理的校正工具分别进行操作测试，并记录操作时间，对比分析校正工具的优缺点，确定是否选用，填入表 3–3–1 中。

表 3–3–1　　产品主体校正工具对比分析

<table>
<tr><th colspan="2">校正内容</th><th>校正工具</th><th>操作时间（s）</th><th>优点</th><th>缺点</th><th>测试效果</th><th>是否选用</th></tr>
<tr><td>例</td><td>透视</td><td>变换命令组—变形</td><td>60</td><td>可以非线性变换形状</td><td>操作难把控</td><td>□校正准确
□效果一般</td><td>□是
□否</td></tr>
<tr><td rowspan="9">校正</td><td rowspan="3">透视</td><td></td><td></td><td></td><td></td><td>□校正准确
□效果一般</td><td>□是
□否</td></tr>
<tr><td></td><td></td><td></td><td></td><td>□校正准确
□效果一般</td><td>□是
□否</td></tr>
<tr><td></td><td></td><td></td><td></td><td>□校正准确
□效果一般</td><td>□是
□否</td></tr>
<tr><td rowspan="3">曝光</td><td></td><td></td><td></td><td></td><td>□校正准确
□效果一般</td><td>□是
□否</td></tr>
<tr><td></td><td></td><td></td><td></td><td>□校正准确
□效果一般</td><td>□是
□否</td></tr>
<tr><td></td><td></td><td></td><td></td><td>□校正准确
□效果一般</td><td>□是
□否</td></tr>
<tr><td rowspan="3">偏色</td><td></td><td></td><td></td><td></td><td>□校正准确
□效果一般</td><td>□是
□否</td></tr>
<tr><td></td><td></td><td></td><td></td><td>□校正准确
□效果一般</td><td>□是
□否</td></tr>
<tr><td></td><td></td><td></td><td></td><td>□校正准确
□效果一般</td><td>□是
□否</td></tr>
</table>

（2）在小组内讨论不同的瑕疵修复工具、流程，适用场景，优缺点，确定是否选用，填入表 3–3–2 中。

表 3-3-2　　产品主体修复流程及工具对比分析

修复内容	修复工具	修复流程	适用场景	优点	缺点	是否选用
例	仿制图章工具	按住 alt 键取样，涂抹污点	环境倒影	效果明显速度快	样本和修复区域融合度较差	□是☑否
噪点			□大面积 □小面积 □有纹理 □无纹理			□是□否
						□是□否
						□是□否
灰尘			□大面积 □小面积 □有纹理 □无纹理			□是□否
						□是□否
						□是□否
指纹			□大面积 □小面积 □有纹理 □无纹理			□是□否
						□是□否
						□是□否
划痕			□大面积 □小面积 □有纹理 □无纹理			□是□否
						□是□否
						□是□否

（3）小组合作整理主体特点、用以抠取主体的工具和方式，回顾学习过的两种不同抠取流程、工具的优缺点，确定是否选用，填入表 3-3-3 中。

表 3-3-3　　产品主体抠取流程及工具对比分析

抠取内容	主体特点	抠取工具	抠取流程	优点	缺点	是否选用
产品主体	轮廓： ________ ________ 材质： ________ 背景色差： ________	例：磁性套索工具	磁性套索直接扣取主体	可自动识别吸附物体边缘	大致框选，不适合精确抠取	□是 ☑否
						□是 □否
						□是 □否
						□是 □否

（4）小组合作共同梳理氛围感营造、质感提升、添加光效、立体感打造、特效文字可实现的效果、制作流程、工具，并对比分析不同特效制作流程、工具的优缺点。

1）梳理氛围感营造实现的效果、制作流程、工具，对比分析不同特效制作流程、工具的优缺点，确定是否选用。

①对比下面两张星空效果图，一张是运用杂色、高斯模糊滤镜制作的星空，另一张是运用画笔工具制作的星空，将制作工具与对应效果用线连接起来。

效果图：

工具：　杂色、高斯模糊滤镜　　画笔工具

②上一题的效果图中，运用杂色、高斯模糊滤镜制作的星空朦胧梦幻，星星形状________，但在操作时________。运用画笔工具制作的星空星光闪耀，星星形状________，但在操作时________，需要有一定的经验积累。

③对比分析图 3-3-1 和图 3-3-2 所示的两张星云效果图，一张是运用分层云彩滤镜、色彩平衡制作的星云效果，另一张是运用画笔工具、模糊工具制作的星云效果，将效果图对应的制作工具写在下面的横线上。

图 3-3-1　星云 1 效果图

图 3-3-2　星云 2 效果图

制作工具：____________________　　____________________

④上一题的效果图中，运用分层云彩滤镜、色彩平衡制作的星云________，但星云密布操作难度________。运用画笔工具制作的星云________，星云密布操作难度________，要注意星云的层次感，需要熟练的绘制能力。

⑤小组合作共同梳理氛围感营造可实现的效果、制作流程、工具、应用位置，比较不同制作流程和工具的优缺点，确定是否选用，填入表 3-3-4 中。

表 3-3-4 氛围感营造的制作流程及工具分析

特效类型	可实现的效果	制作流程	工具	应用位置	优点	缺点	是否选用
例	星云	1. 绘制团块并模糊 2. 调整色彩、不透明度、混合模式	钢笔工具 高斯模糊滤镜工具 图层属性工具	背景上半部分	操作简单 参数容易把控	细节较少 较为呆板	□是 ☑否
氛围感营造							□是 □否
							□是 □否
							□是 □否
							□是 □否
							□是 □否

2）梳理质感提升可实现的效果、材质及应用部位、制作流程、工具，对比分析不同质感提升流程、工具的优缺点，确定是否选用。

①观察图 3-3-3 中使用不同制作流程、工具制作的金属质感表链效果图，A 和 B 哪一种金属质感效果较为真实？在对应的位置上画“√”。

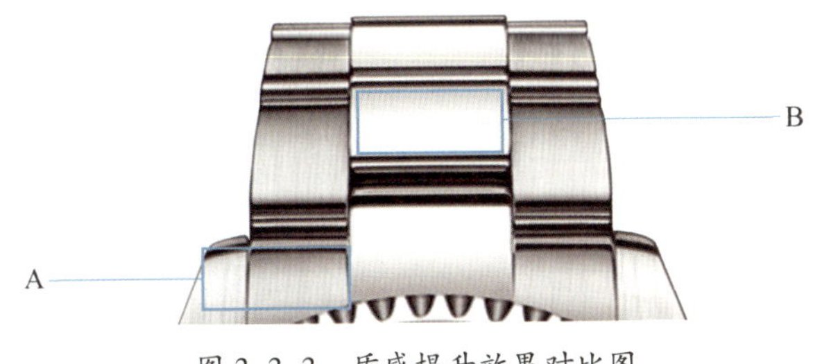

图 3-3-3 质感提升效果对比图

② A 处使用的制作工具是：□剪贴蒙版 □渐变工具，制作方式是：□置换材质贴图 □渐变模拟材质。

③依据表 3-2-16，小组合作共同查阅信息页中质感提升的相关知识，梳理质感提升的制作流程和工具、材质及应用部位、优缺点并进行对比分析，确定是否选用，填入表 3-3-5 中。

表 3-3-5　质感提升的制作流程及工具分析

特效类型	材质及应用部位	制作流程	工具	优点	缺点	是否选用
例	金属指针	1. 绘制指针轮廓 2. 渐变模拟材质	钢笔工具 渐变工具	操作简单	纹理不逼真	□是 ☑否
质感提升						□是 □否
						□是 □否
						□是 □否
						□是 □否
						□是 □否

3）梳理光效可实现的效果、制作流程、工具，对比分析不同光效制作流程、工具的优缺点，确定是否选用。

①对比分析图 3-3-4 和图 3-3-5 所示的两种玻璃反光效果，选择适当的制作方式与制作工具填在对应的位置上。

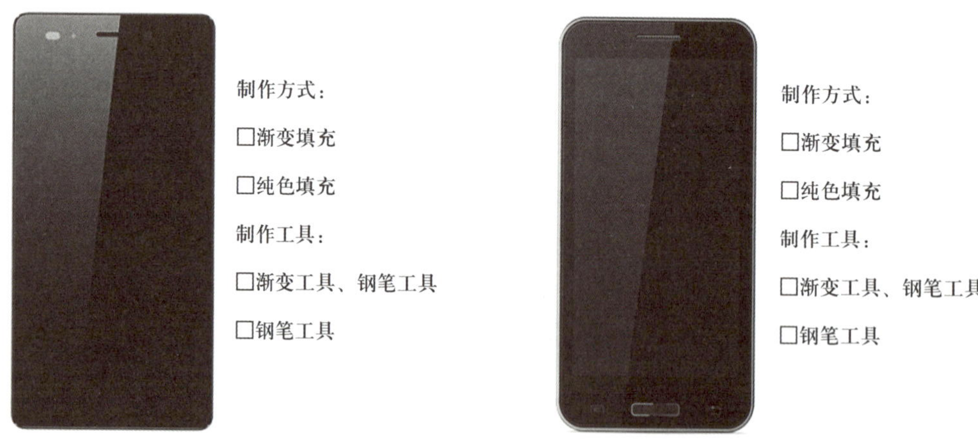

图 3-3-4　反光 1 效果图

图 3-3-5　反光 2 效果图

②在图 3-3-4 和图 3-3-5 中，圈出你最喜欢的反光效果，并说明理由。

____

____

③如图 3–3–6 和图 3–3–7 所示，分别是运用渐变工具和镜头光晕滤镜制作的光晕效果，观察两种光晕效果图的区别，可发现左图中制作的光晕＿＿＿＿＿＿＿＿＿＿＿＿＿＿，右图中制作的光晕＿＿＿＿＿＿＿＿＿。

根据以上表述在两张光晕效果图下面写出对应的制作工具。

图 3–3–6　光晕 1 效果图

图 3–3–7　光晕 2 效果图

制作工具：＿＿＿＿＿＿＿＿＿＿　　　＿＿＿＿＿＿＿＿＿＿

④依据表 3–2–16，小组合作共同梳理光效添加的制作流程、工具、可实现效果、优缺点，并进行对比分析，填入表 3–3–6 中。

表 3–3–6　光效添加的制作流程及工具分析

特效类型	可实现效果	制作流程	工具	优点	缺点	是否选用
例	表镜反光	1. 绘制形状填充白色 2. 修改不透明度	钢笔工具 不透明度工具	操作简单	效果一般	□是 ☑否
光效添加						□是 □否
						□是 □否
						□是 □否
						□是 □否
						□是 □否

4）梳理立体感打造的制作流程、工具、适用场景，对比分析不同制作流程和工具的优缺点，确定是否选用。

①加深减淡工具和渐变工具都可以调整产品自身的光影效果，使产品看起来更加具有立体感和层次感。根据下面的提示内容，将加深减淡工具和渐变工具在调整产品自身光影时的优缺点写在对应的位置。【多选题】

通过加深减淡工具调整产品自身光影的优点有（　　），缺点有（　　）。

通过渐变工具调整产品自身光影的优点有（　　），缺点有（　　）。

A. 光影过渡自然，产品更加真实、立体

B. 能够快速地对大面积区域进行光影调整

C. 处理复杂光影细节时，较难精确控制效果

D. 需要对光影原理有较好的理解和运用经验

E. 可以改变局部的明暗度，修复局部过亮或过暗的区域

F. 可以强调物体的某些特征或纹理，使其更加清晰

G. 可能导致图片局部区域出现不自然的效果，如过度变亮或过度变暗

H. 需要一定的操作技巧和经验来掌握合适的强度和范围

②依据表 3–2–16，小组合作共同梳理立体感打造的制作流程、工具、可实现的效果、优缺点，并进行对比分析，填入表 3–3–7 中。

表 3–3–7　　立体感打造的制作流程及工具分析

特效类型	可实现的效果	制作流程	工具	应用位置	优点	缺点	是否选用
例	透视折射投影	1. 复制主体填充黑色 2. 透视变形并模糊 3. 调整不透明度	透视变形工具 高斯模糊滤镜工具 不透明度工具	化妆品在地上的投影	适合折射透视投影	有局限性	□是 ☑否
立体感打造							□是 □否
							□是 □否
							□是 □否
							□是 □否
							□是 □否

5）小组合作将表 3-2-16 中添加特效文字的制作流程和工具分别进行操作测试并记录操作时间，对比分析添加特效文字流程和工具的优缺点、可实现的效果，确定是否选用，填入表 3-3-8 中。

表 3-3-8 特效文字的制作流程及工具分析

特效类型	可实现的效果	制作流程	工具	应用位置	优点	缺点	是否选用
例	金属质感	1. 创建文字 2. 绘制深灰渐变	文字工具渐变工具	中下方主题文字	易于操作	质感不逼真	□是 ☑否
特效文字							□是 □否
							□是 □否
							□是 □否
							□是 □否
							□是 □否

2. 制定整体画面校正、瑕疵修复、主体抠取、特效处理等海报处理策略，分别填入表 3-3-9 和表 3-3-10 中。

（1）整理表 3-3-1、表 3-3-2、表 3-3-3，筛选出拟选用的校正流程和工具，针对工具存在的缺点给出补救措施，填入表 3-3-9 中。

表 3-3-9 产品主体校正、修复、抠取制作流程及工具决策

校正内容	拟选用校正流程	拟选用校正工具	优点	缺点	补救措施
透视					
曝光					
偏色					
修复内容	**拟选用修复流程**	**拟选用修复工具**	**优点**	**缺点**	**补救措施**

续表

抠取内容	拟选用抠取流程	拟选用抠取工具	优点	缺点	补救措施

（2）梳理氛围感营造、质感提升、光效制作、立体感打造、特效文字制作的流程、工具、应用位置，对比分析不同制作工具的优缺点，针对工具存在的缺点给出补救措施，填入表 3–3–10 中。

表 3–3–10　　产品海报特效制作流程及工具决策

特效类型	拟实现效果	拟选用制作流程	拟选用制作工具	拟应用位置	优点	缺点	补救措施
氛围感营造							
质感提升							
光效制作							
立体感打造							
特效文字							

二、制定产品海报处理策略

（一）分析产品海报处理策略是否为最优

1. 各组选举代表展示并说明产品主体校正、修复、抠取策略与产品海报特效制作策略，听取各组展示汇报，从内容的准确性、表达的专业性等方面记录各组的表现情况，针对存在的问题提出合理建议。

____

____

2. 根据教师和同学的反馈意见，组内讨论确定产品校正、修复、主体抠取、特效处理策略中存在的问题和解决方法，填入表 3–3–11 中。

表 3-3-11 存在的问题和解决方法

序号	存在的问题	解决方法	是否有效
例	立体感的打造、层次感不够强	添加指针表盘光影	是

（二）完善产品海报处理策略并形成定稿

1. 根据组内讨论确定的产品校正、修复、主体抠取策略中存在问题的解决方法，调整和优化产品校正、修复、主体抠取策略，填入表 3–3–12 中。

表 3-3-12 产品主体校正、修复、抠取流程及工具决策表定稿

<table>
<tr><th colspan="2">校正内容</th><th colspan="2">校正工具</th></tr>
<tr><td rowspan="3">校正</td><td>透视</td><td colspan="2"></td></tr>
<tr><td>曝光</td><td colspan="2"></td></tr>
<tr><td>偏色</td><td colspan="2"></td></tr>
<tr><th colspan="2">修复内容</th><th>修复流程</th><th>修复工具</th></tr>
<tr><td colspan="2"></td><td></td><td></td></tr>
<tr><th colspan="2">抠取内容</th><th>抠取流程</th><th>抠取工具</th></tr>
<tr><td colspan="2"></td><td></td><td></td></tr>
</table>

2. 根据组内讨论确定的特效处理策略中存在的问题和解决方法，调整和优化特效处理策略，填入表 3–3–13 中。

表 3-3-13 产品海报特效制作流程及工具决策表定稿

特效类型	制作流程	工具	应用位置
氛围感营造			
质感提升			

续表

特效类型	制作流程	工具	应用位置
光效制作			
立体感打造			
特效文字			

3. 各组派代表展示汇报产品海报特效处理策略，查阅信息页中的评分细则，完成组间互评，并撰写方案制定与决策实践反思。

（1）根据评价项目和标准，完成组间互评，填入表 3-3-14 中。

表 3-3-14　评价项目 5：特效制作流程及工具决策评分表

评价项目	评价标准	组间互评（30%）						教师评价（70%）	说明
1. 氛围感特效制作策略（共 2 分）	（1）准确表述不同氛围感营造流程、工具的优缺点，得 1 分								
	（2）氛围感背景营造制作流程、工具、应用位置为本方案中最优，得 1 分								
2. 产品质感提升特效策略（共 2 分）	（1）准确表述不同产品质感提升流程、工具的优缺点，得 1 分								
	（2）产品质感提升工具、流程、应用位置为本方案中最优，得 1 分								
3. 光效制作策略（共 2 分）	（1）准确表述不同光效制作流程、工具的优缺点，得 1 分								
	（2）光效制作工具、流程、应用位置为本方案中最优，得 1 分								
4. 立体感特效制作策略（共 2 分）	（1）准确表述不同立体感特效制作流程、工具的优缺点，得 1 分								
	（2）立体感特效制作工具、流程、应用位置为本方案中最优，得 1 分								

续表

评价项目	评价标准	组间互评（30%）						教师评价（70%）	说明
5. 文字特效制作策略（共2分）	（1）准确表述不同文字特效制作流程、工具的优缺点，得1分								
	（2）文字特效制作工具、流程、应用位置为本方案中最优，得1分								
合计得分（共10分）									
最终得分（组间互评30%+教师评价70%）									
互评人签字：			教师签字：						

（2）回顾整个决策过程，总结决策的主要内容、流程与注意事项，遇到的问题、采取的解决方法、最终的解决结果，本环节表现的优点、不足与改进方式，撰写方案制定与决策实践反思。

方案制定与决策实践反思

学习环节四 实施计划

学习目标

1. 能采取独立工作的方式，根据产品图片校正策略，使用 Adobe Photoshop 软件中的标尺、参考线、变换命令组、亮度 / 对比度、色相 / 饱和度、曲线等工具校正产品图片的透视、偏色、曝光等问题，观察校正效果，判断透视关系和曝光的准确度，把控调色方向和程度，确保产品图片透视关系、曝光准确、色调真实。

2. 能采用独立工作的方式，根据产品主体修复策略，使用污点修复画笔工具、仿制图章工具修复划痕、指纹等瑕疵，互检待抠取部分瑕疵修复效果，确保产品干净整洁、修复部分像素过渡平滑。

3. 能采用独立工作的方式，根据产品主体抠取策略，使用钢笔、蒙版等工具抠取产品主体，互检主体抠取效果，确保抠像完整，边缘清晰自然、无杂色。

4. 能采用独立工作的方式，根据产品海报特效处理策略，使用渐变工具、画笔工具及杂色、模糊等滤镜工具，选择合适的笔刷类型、大小和颜色，设置合适的杂色、滤镜等参数，绘制氛围感背景，选择合适的图层混合模式，使之更加自然；使用钢笔工具抠取装饰元素，确保海报背景、前景色彩协调、自然美观，符合产品调性。

5. 能采用独立工作的方式，使用选区、高反差保留、表面模糊等工具，平滑整体画面，保留并锐化产品关键信息，提高细节清晰度，确保产品清晰干净；使用材质贴图、剪贴蒙版、图层混合模式等工具，调整材质和蒙版的比例，提升产品质感，确保产品质感强，精致有光泽。

6. 能采用独立工作的方式，使用渐变、不透明度等工具，制作反光效果，使用镜头光晕滤镜，选择合适的镜头类型、亮度、位置、图层混合模式，添加光晕效果，确保反光合理自然，海报整体光线和光斑美观，光效和素材光源方向一致，与画面融合度高。

7. 能采用独立工作的方式，根据光源方向和强度分析，判断阴影方向和大小，为产品图片添加合适的斜面、浮雕、阴影等图层样式，使用画笔工具绘制长投影，使用蒙版工具调整局部的不透明度，打造立体感效果，确保产品整体立体感强，光影关系符合产品图片光照特点。

8. 能采用独立工作的方式，使用文本工具输入提供的文案内容，设置合适的字体、字号等文字属性，使用或重绘材质素材、剪贴蒙版等工具为文字图层添加材质，使用图层样式等工具为文字图层添加效果，制作质感特效文字，确保特效文字色调、样式与整体画面风格一致。

9. 能采用独立工作的方式，根据整体设计要求，观察画面色调和排版，使用变形工具调整图层大小、位置、顺序、比例关系，营造视觉焦点，增加画面层次感，使用色相 / 饱和度等工具填充和调整图层，使用蒙版工具为海报的局部和整体进行调色，确保图片色调和谐、版式美观；在独立工作过程中，能及时观察效果把控参数的设置。

建议学时

48 学时

学习要求

序号	学习步骤	学习内容	学时	备注
1	校正整体画面	**实践知识：** （1）画面校正工具的综合使用 （2）透视关系准确度的判断 （3）调色方向和程度的把控 **理论知识：** （1）产品图片透视、曝光、偏色校正要求 （2）校正工具的使用技巧和注意事项 （3）校正产品图片透视关系、曝光、偏色问题的关键工具和操作要点	2	
2	修复产品主体的瑕疵	**实践知识：** 瑕疵修复工具的综合应用 **理论知识：** （1）产品图片瑕疵修复要求 （2）产品图片瑕疵修复的关键工具和操作要点	2	
3	抠取产品主体	**实践知识：** （1）钢笔、蒙版等主体抠取工具的综合使用 （2）产品主体的抠取 （3）主体抠取效果的检查	2	

续表

序号	学习步骤	学习内容	学时	备注
3	抠取产品主体	**理论知识：** （1）产品主体抠取的质量要求 （2）产品主体抠取的关键工具和操作要点		
4	制作氛围感背景及装饰元素	**实践知识：** （1）画笔、渐变、滤镜等工具的使用 （2）笔刷类型、大小、色彩等属性的选择 （3）杂色、高斯模糊等滤镜参数的设置 （4）图层混合模式的选择 （5）氛围感背景色彩的搭配 （6）氛围感装饰元素的抠取 （7）氛围感设计元素排版效果的把控 **理论知识：** （1）渐变工具、画笔工具，杂色、高斯模糊等滤镜工具的使用方法和属性功能 （2）渐变色的设置技巧 （3）笔刷属性参数的设置技巧 （4）图层混合模式的种类、作用 （5）氛围感背景绘制的关键步骤和技术要点 （6）前景等装饰元素的抠取、调整要求 **能力素养：** 数字技术应用能力	6	
5	提升产品质感	**实践知识：** （1）选区、高反差保留、表面模糊滤镜、图层混合模式、智能对象等工具的综合使用 （2）材质和剪贴蒙版比例的把控 （3）清晰度的提升、纹理细节的优化 （4）自身光影效果的塑造 **理论知识：** （1）不同材质的美学特点 （2）提升产品质感的方法和技巧 （3）质感提升关键步骤和技术要点 **能力素养：** 数字技术应用能力	12	
6	添加光效	**实践知识：** （1）镜头光晕、图层样式、画笔、蒙版等工具的使用 （2）镜头光晕等工具属性的设定 （3）光效层次感和强度的把控	6	

续表

序号	学习步骤	学习内容	学时	备注
6	添加光效	**理论知识：** （1）不同产品光效制作的技巧 （2）产品光效制作的关键步骤和技术要点 **能力素养：** 数字技术应用能力		
7	打造产品立体感	**实践知识：** （1）体积感的增强、投影的绘制 （2）阴影方向和大小的判断 （3）长投影形态的把控 **理论知识：** （1）阴影的种类、作用、特征、造型手法 （2）阴影方向、大小的判断方法 （3）长投影的制作技巧 （4）凹凸等高阶立体感的制作技巧 （5）立体感打造的操作步骤和技术要点 **能力素养：** 数字技术应用能力	6	
8	特效文字制作	**实践知识：** （1）文字工具的使用 （2）字体、字号等文字属性的选择 （3）填充和调整图层、蒙版等工具的综合应用 **理论知识：** （1）文本图层的特征、属性的设置方法 （2）金属、玻璃、液体、火焰等不同质感特效文字效果的制作步骤和技术要点 **能力素养：** 数字技术应用能力	6	
9	整体调整	**实践知识：** （1）产品海报视觉焦点的营造 （2）画面层次感的整体把控 （3）海报整体与局部色彩协调性的把控 **理论知识：** （1）海报画面整体感提升的方法和注意事项 （2）海报统一调色、排版的技术要点 **能力素养：** 数字技术应用能力	6	

一、校正整体画面

（一）校正产品图片存在的问题

1. 明确产品图片透视、曝光、偏色校正等要求，回顾方案涉及校正工具的使用技巧和注意事项。

（1）根据整体设计要求，按顺序依次填写产品图片透视、曝光、偏色的校正要求＿＿＿＿＿＿＿＿、＿＿＿＿＿＿＿＿、＿＿＿＿＿＿＿＿。

（2）根据表 3–3–12 中涉及的工具，回顾学习任务一和学习任务二中学习的校正透视、曝光、偏色工具的使用技巧和注意事项，填入表 3–4–1 中。

表 3–4–1 校正工具的使用技巧和注意事项

校正内容	校正工具	使用技巧	注意事项
透视			
曝光			
偏色			

2. 根据表 3–3–12，校正产品图片的透视、曝光、偏色等问题，实时观察校正效果，判断透视关系和曝光的准确度，把控调色方向和程度，确保透视关系、曝光准确、色调真实，存储校正透视、曝光、色调后的产品源文件。

（1）依据表 3–1–9、表 3–3–12，结合校正工具的使用技巧和注意事项，校正产品图片的透视、曝光、偏色等问题，并记录操作要点，填入表 3–4–2 中。

表 3–4–2 校正透视、曝光、偏色的操作要点

类别	内容	操作要点
校正整体画面	透视	
	曝光	
	偏色	

（2）借助参考线、直方图、色值对比等观察方式，自检透视、曝光、偏色校正等效果，记录自检结果并进行优化，填入表 3–4–3 中。存储优化校正透视、曝光、色调后的产品源文件，命名为“校正后的产品源文件”。

表 3–4–3 校正整体画面修改意见

类别	内容	自检方式	自检结果	优化方式
校正整体画面	透视		□透视准确 □整体变形 □局部变形 变形部位＿＿＿＿	

续表

类别	内容	自检方式	自检结果	优化方式
校正整体画面	曝光		□曝光准确 □曝光不足 □曝光过度	
	偏色		□不偏色 □偏__色	

想一想

如何把控曝光、色调的调整方向和校正程度？

____

____

（二）检查校正效果并修改完善

1. 以小组为单位，组内展示整体画面校正效果，包括透视、曝光、偏色的校正，记录修改意见，并优化完善。

____

____

2. 对产品图片的校正工作内容进行总结，绘制校正产品图片整体画面思维导图，如图 3-4-1 所示。

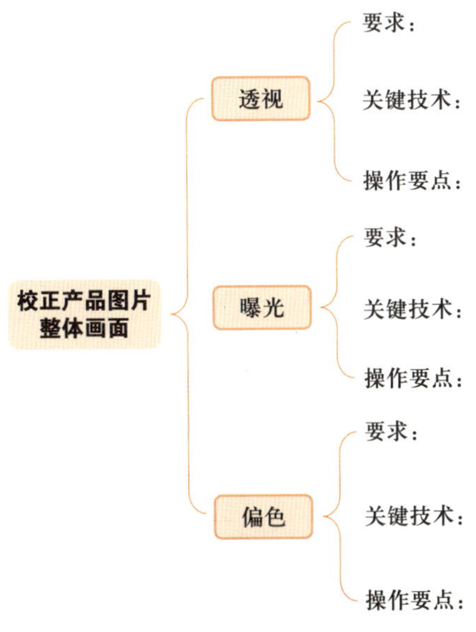

图 3-4-1　校正产品图片整体画面思维导图

二、修复产品主体的瑕疵

（一）修复产品主体的瑕疵，确保产品主体干净整洁

1. 明确产品图片瑕疵修复要求，记录修复工具的使用技巧和注意事项。

（1）根据整体设计要求，产品图片瑕疵修复的要求是________________________________

____

____

（2）将修复工具的使用技巧和注意事项填入表 3-4-4 中。

表 3-4-4　修复工具的使用技巧和注意事项

类别	修复工具	使用技巧	注意事项
修复产品主体	污点修复画笔工具		
	修复画笔工具		
	修补工具		
	内容感知移动工具		
	仿制图章工具		

2. 独立选择相应的工具修复划痕、指纹等瑕疵，确保产品干净整洁、修复部分像素过渡平滑，操作完成后存储源文件。

（1）修复划痕、指纹等瑕疵，并记录修复产品主体的操作要点，填入表 3-4-5 中。

表 3-4-5　修复产品主体的操作要点

类别	操作要点
修复产品主体	

（2）放大观察画面局部，自检产品主体的修复效果，判断细节修复是否有遗漏，记录修复后像素过渡不平滑部位、遗漏部位，并进行优化，填入表 3-4-6 中。存储修复瑕疵后的产品源文件，命名为“校正修复后的产品源文件”。

表 3-4-6 自检产品主体的修复效果

类别	自检结果	像素过渡不平滑部位	遗漏部位	优化方式
修复产品主体	□产品干净整洁 □像素过渡不平滑 □有遗漏的瑕疵			

想一想

瑕疵修复工具属性设置的技巧有哪些？笔刷大小设置的技巧是什么？

____

____

（二）检查瑕疵修复效果并完善总结

1. 以小组为单位，组内互相检查瑕疵修复效果并查找遗漏，记录修改意见和他人修复效果的优缺点，根据反馈优化产品主体的瑕疵修复效果。

____

____

2. 对产品主体瑕疵修复的操作内容进行总结，绘制产品主体瑕疵修复思维导图，如图 3-4-2 所示。

图 3-4-2 产品主体瑕疵修复思维导图

三、抠取产品主体

（一）抠取产品主体的操作

1. 明确产品主体抠取要求，梳理主体抠取工具的使用技巧和注意事项。

（1）根据整体设计要求，抠取产品主体的要求是____

____

（2）将产品主体抠取工具的使用技巧和注意事项，填入表 3–4–7 中。

表 3–4–7　　主体抠取工具的使用技巧和注意事项

类别	工具	使用技巧	注意事项
抠取产品主体	魔棒工具		
	快速选择工具		
	套索工具		
	色彩范围工具		
	钢笔工具		
	选框工具		
	通道工具		
	蒙版工具		

（3）使用钢笔工具沿产品边缘绘制路径后，要在____________面板中，右键单击要转化的钢笔路径，选择______________选项，将羽化半径值设置为________像素，使边缘过渡自然，将钢笔路径转化为选区。

2. 独立使用相应工具抠取产品主体，确保抠像完整，边缘清晰自然、无杂色，存储校正、修复、抠取主体后的产品源文件。

（1）结合主体抠取工具的使用技巧和注意事项，抠取产品主体，记录操作要点，填入表 3–4–8 中。

表 3–4–8　　抠取产品主体的操作要点

类别	操作要点
抠取产品主体	

（2）自检抠取产品主体效果，记录存在的问题并进行优化，填入表 3–4–9 中。存储修复瑕疵后的产品源文件，命名为“校正、修复、抠取主体后的产品源文件”。

表 3-4-9　　自检抠取产品主体效果

类别	自检结果	抠像不完整部位	边缘不清晰部位	边缘有杂色部位	优化方式
抠取产品主体	□主体完整 □边缘清晰无杂色 □产品抠像不完整 □边缘不清晰 □产品边缘有杂色				

（二）检查产品主体抠取效果并完善总结

1. 以小组为单位，通过添加色差较大的背景、放大细节等方式，组内互检产品主体抠取效果，记录修改意见和其他抠像方法，填入表 3-4-10 中。

表 3-4-10　　产品主体抠取修改意见和其他抠像方法

类别	修改意见	其他抠像方法
抠取产品主体		

2. 对产品主体抠取的操作内容进行总结，绘制抠取产品主体思维导图，如图 3-4-3 所示。

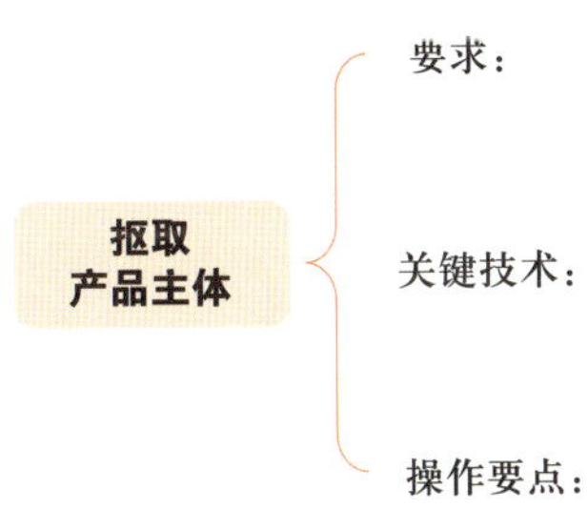

图 3-4-3　抠取产品主体思维导图

四、制作氛围感背景及装饰元素

（一）整理渐变工具等氛围感背景绘制工具的使用方法

1. 观看渐变工具的使用、画笔工具的使用微课视频，整理渐变色的调整技巧及笔刷的属性功能、设置方法等要点，根据任务内容设置所需渐变及画笔属性。

（1）图 3-4-4 中的渐变类型从左往右依次是＿＿＿＿＿＿、＿＿＿＿＿＿、＿＿＿＿＿＿、＿＿＿＿＿＿、＿＿＿＿＿＿。制作本任务海报背景的渐变色所选用的渐变类型是＿＿＿＿＿＿＿＿。

图 3-4-4　渐变类型图标

（2）在图 3-4-5 中，渐变色条上方的色标是＿＿＿＿＿＿，渐变色条下方的色标是＿＿＿＿＿，两种颜色间的“小菱形”是＿＿＿＿＿＿。调整本任务海报背景的渐变色，应单击＿＿＿＿＿＿进行颜色修改。＿＿＿＿＿＿＿可添加色标，＿＿＿＿＿＿＿可删除色标。

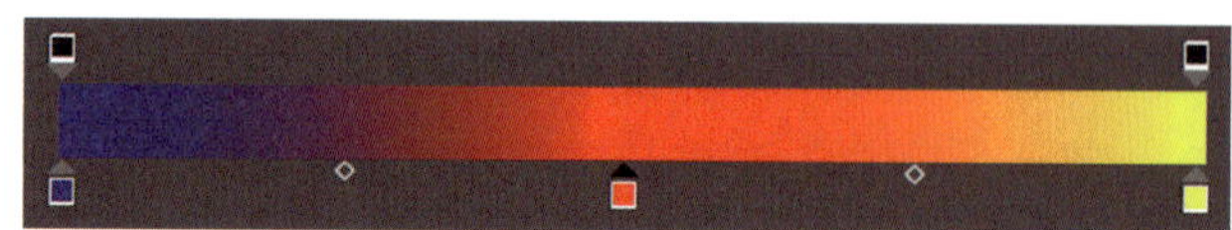

图 3-4-5　渐变色条示意图

（3）若想调出图 3-4-6 所示的笔尖形态，需同时在画笔设置面板中调整（　　）等参数。**【多选题】**

A. 硬度　　B. 间距　　C. 大小抖动　　D. 散布

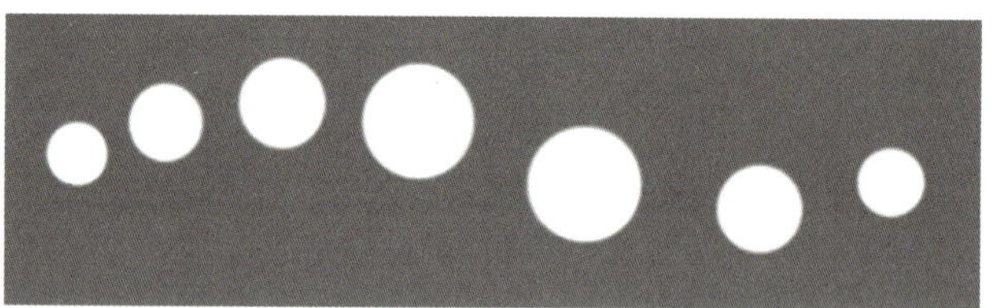

图 3-4-6　笔尖形态示意图

（4）绘制本任务的星空背景可选择（　　）笔刷。**【单选题】**

A.　　B.

C.　　D.

2. 查阅信息页中杂色和高斯模糊滤镜的使用、图层混合模式的相关资料，整理并标注杂色和高斯模糊滤镜的使用方法，图层混合模式的种类、作用等内容。

（1）添加杂色滤镜中的“单色”是指（　　）。**【单选题】**

A. 黑色　　B. 白色

C. 黑、白、灰色　　D. 当前前景色

（2）下列两张效果图，都是为黑色背景添加杂色（单色）后的效果，二者中（　　）的杂色数量比值高。【单选题】

A. 

B. 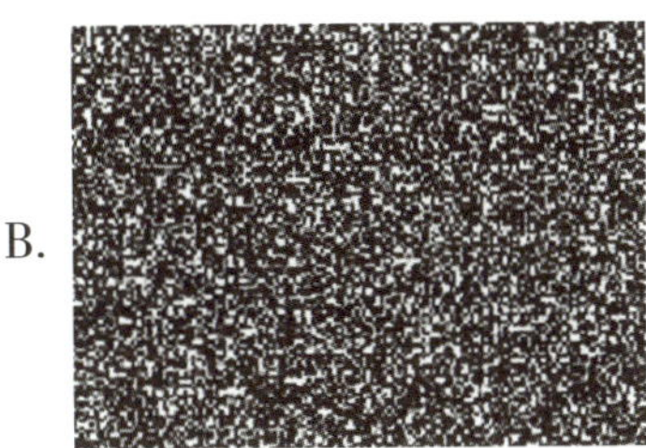

（3）若想将图 3-4-7 中的白云自然地融入天空，得到图 3-4-8 所示的效果，可将白云图层的混合模式调整为（　　）。【单选题】

图 3-4-7　混合模式调整前效果图

图 3-4-8　混合模式调整后效果图

A. 正片叠底　　B. 叠加　　C. 变亮　　D. 差值

（二）绘制氛围感背景

1. 根据表 3-3-13，结合整体设计方案，使用相应的工具绘制氛围感背景。

（1）若要绘制的背景底图是蓝 - 黑 - 蓝渐变的天空，三个色标的 RGB 色值应分别设为 R:____G:____B:____、R:____G:____B:____、R:____G:____B:____。为确保渐变效果垂直，填充渐变时可按住__________键。

（2）在制作星空效果时，设置的添加杂色数量为________，分布类型为____________，选择的图层混合模式为__________。

（3）为营造梦幻的星空氛围，在对其中一层星空效果进行模糊处理时，高斯模糊半径值应设为约（　　）。【单选题】

A. 8　　B. 30　　C. 50　　D. 100

（4）在使用画笔工具绘制星云时，选择的笔刷是____________类型，笔尖大小约为__________像素。

你一共绘制了几层星云？分别使用了哪些颜色？填入表 3-4-11 中。

表 3-4-11　　星云绘制信息记录表

星云层数	颜色色值		
	颜色 1	颜色 2	颜色 3
	R：　G：　B：	R：　G：　B：	R：　G：　B：

2. 各组选派代表展示氛围感背景的绘制效果和制作要点，听取各组汇报，分析背景绘制、星云星空绘制、整体处理方面的优点，提出改进建议。

____

____

3. 小组共同查阅信息页中的评分细则，结合各组代表的汇报表现，完成组间互评并说明理由，填入表 3-4-12 中，根据各方反馈意见进一步修改完善。

表 3-4-12　　评价项目 6：氛围感背景的绘制评分表

评价项目	评价标准	组间互评（30%）						教师评价（70%）	说明
1. 背景绘制质量（共 4 分）	（1）渐变色能体现夜空的深邃，得 2 分；效果一般，得 1 分								
	（2）渐变位置设置得当，过渡自然，得 2 分；效果一般，得 1 分								
2. 星云星空绘制质量（共 4 分）	（1）星云模糊适当，色彩丰富，得 2 分；效果一般，得 1 分								
	（2）星空错落有致，色彩美观，得 2 分；效果一般，得 1 分								
3. 整体效果（共 2 分）	背景融合度高，符合产品调性，得 2 分；效果一般，得 1 分								
合计得分（共 10 分）									
最终得分（组间互评 30%+ 教师评价 70%）									
互评人签字：		教师签字：							

4. 查阅氛围感背景绘制的活动实施报告，明确填写内容及要求，回顾绘制过程进行总结反思，填入表 3-4-13 中。

表 3-4-13　　氛围感背景绘制的活动实施报告

学习活动名称	氛围感背景绘制				
院　系		专　业		班　级	
姓　名		学　号		日　期	
学习活动目的及要求	简述本次学习活动目的及要求：				
学习活动准备	本次学习活动操作需要准备的工具、材料：				
内容及步骤	简述学习活动的内容及步骤：				
总　结	本次学习活动的收获、问题和教训：				
教师评语					

（三）制作海报装饰元素并调整整体画面

1. 根据整体设计方案抠取高山大地前景，并与氛围感背景进行合成。除了选用的产品主体抠取工具和方法外，还有哪些工具和方法可以细致地抠取高山大地前景？列举两种抠取方法并实践操作，填入表 3-4-14 中。

表 3-4-14　　抠取方法和操作要点

抠取方法	操作要点

2. 根据整体设计方案，观察高山大地前景在画面中的大小、位置和整体画面的色彩，进行初步调整，简要说明调整的依据和方法，填入表 3-4-15 中。

表 3-4-15　　画面色彩调整

调整位置	是否调整	调整依据	调整方法
星空星云背景	□是　□否		
高山前景	□是　□否		
画面整体	□是　□否		

3. 向组内成员展示你制作的氛围感背景前景，请同学提出修改意见并记录，根据反馈进一步修改完善。

____

____

五、提升产品质感

（一）梳理提升产品质感的相关知识和技能

1. 查阅信息页中提升产品质感和不同材质美学特点的相关资料，整理并标注提升产品质感的方法和技巧。

（1）若使用高反差保留滤镜提升本任务产品图片的清晰度，需要先复制该图层，并进行（　　）处理。【单选题】

A. 模糊　　B. 锐化　　C. 放大　　D. 去色

（2）在使用表面模糊滤镜时，若想保留本任务产品的重要细节，__________的数值不宜过大。

2. 小组合作学习剪贴蒙版的组成及原理，讨论剪贴蒙版的作用和适用场景，明确其对提升本任务产品质感的作用。

（1）如图 3-4-9 所示，在剪贴蒙版组中，内容图层是________，基底图层是________。

图 3-4-9　图层面板中的剪贴蒙版示意图

（2）在图 3-4-9 中，图层 1 透明区域的作用是隐藏图层 0 相应位置的像素。（　　）【判断题】

（3）在图 3-4-9 中，图层 1 的黑色区域不论换成什么颜色，都不会对最终的显示效果产生影响。（　　）【判断题】

（4）以图 3-4-9 为例，创建或解除剪贴蒙版的方法是，将鼠标光标移至图层 0 和图层 1 的分隔线处，按住________键，单击鼠标左键。除此之外，创建剪贴蒙版的方法还有：______________________________

（5）观察产品各部分的纹理结构，在图 3-4-10 中标出可以使用剪贴蒙版提升质感的部位。

图 3-4-10 剪贴蒙版可应用部位标注图

3. 小组讨论产品质感提升的不同方法，梳理使用工具和操作要点，填入表 3-4-16 中。

表 3-4-16 产品质感提升操作要点

质感提升部位	方法	使用工具	操作要点

（二）提升画质，优化纹理

1. 根据整体设计方案，在产品海报源文件中置入产品主体，初步调整其大小和位置。此步骤应注意的事项包括（　　）。【多选题】

A. 产品大小可以自由缩放，不用考虑自身比例

B. 调整产品大小时应将其等比例缩放

C. 可借助智能参考线调整产品位置

D. 应参照图 3-1-1 进行调整

2. 根据表 3-3-13，使用相应工具保留并锐化刻度等产品关键信息、平滑整体画面，提升产品清晰度，完成以下问题。

（1）在使用高反差保留滤镜提取表盘刻度等关键细节时，若想得到最佳效果，半径值的范围应控制在（　　）。【单选题】

A. 2 ~ 5　　B. 20 ~ 25　　C. 50 ~ 55　　D. 90 ~ 100

（2）使用高反差保留滤镜处理后的图层，其图层混合模式应调整为（　　）。【单选题】

A. 线性加深　　B. 滤色　　C. 叠加　　D. 差值

（3）在使用表面模糊滤镜处理表盘时，假设半径值为 32，阈值参数约为（　　），既能保留表盘的关键细节又能获得较好的平滑效果。【单选题】

A. 10　　B. 40　　C. 80　　D. 120

3. 根据表 3–3–13，选择表链拉丝金属贴图，判断材质和剪贴蒙版的比例，替换局部材质，或根据自身绘制能力重绘材质，提升产品质感，完成以下问题。

（1）若使用拉丝金属贴图替换表链金属材质，原表链的材质需做哪些处理？处理过程中应如何保留原表链的光影结构？

____

____

（2）在使用拉丝金属贴图和剪贴蒙版替换原表链金属材质时，应注意的事项包括（　　）。【多选题】

A. 拉丝金属贴图的纹理比例应与原表链纹理比例一致

B. 拉丝金属贴图的纹理方向应与原表链纹理方向一致

C. 不用考虑纹理的比例和方向，凭感觉调整即可

D. 可随意更换拉丝金属贴图

（3）使用拉丝金属贴图时，选择（　　）图层混合模式效果最为逼真。【单选题】

A. 叠加　　B. 正片叠底　　C. 柔光　　D. 减去

（4）采用哪些方法可以使表链保持边缘和衔接缝的清晰？

____

____

（5）质感提升后，表链的亮度是否与表盘一致？ □ 一致 □ 不一致

如果不一致，优化的方法是：______________________________

（6）若需重绘表链材质，需用到的工具包括（　　）。【多选题】

A. 　　B. 　　C.　　D.

（7）在绘制表链的拉丝金属材质时，用到的关键滤镜是（　　）。【多选题】

A. 添加杂色　　B. 减少杂色

C. 方框模糊　　D. 动感模糊

想一想

有哪些方法能够提升产品的金属质感？

____

____

4. 通过叠图等方式检查材质贴图、标志贴图等与产品图片的透视比例关系，使用智能对象、变形等工具调整贴图的角度、大小和位置，使之更加真实，完成以下问题。

（1）如图 3-4-11 所示，在智能对象图层中，嵌入式智能对象的图层是__________，链接式智能对象的图层是__________。

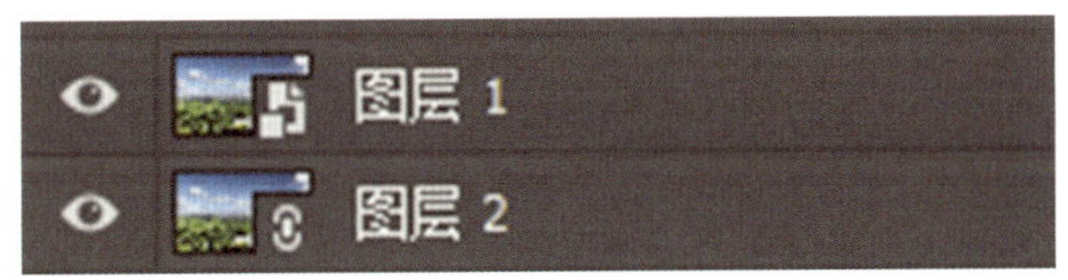

图 3-4-11　智能对象图层示意图

（2）对智能对象中的图像进行编辑操作后，需合并图层并保存后，在源文件中才能同步更新。（　　）【判断题】

（3）观察图 3-4-12 所示的白碗贴材质案例，可以通过（　　）步骤和工具制作出此效果。【多选题】

图 3-4-12　贴图案例效果图

A. 将白碗载入选区，直接在山水画上进行裁切复制

B. 使用钢笔工具描摹白碗的外侧面，创建剪贴蒙版

C. 将山水画缩放至白碗宽度，利用变形工具使图片与白碗的外侧面相贴合

D. 将山水画转换为智能对象，修改山水画并保存可以为白碗更换不同贴图

5. 观察产品的光影结构，使用调色、渐变等工具处理产品图片的影调，确保光影结构设计合理。

（1）观察图 3-4-13 中产品光影结构的添加效果，按照使用的工具和流程将下列选项进行排序____________。

图 3-4-13　添加产品自身光影结构案例效果图

1）使用矩形选区工具、填充工具绘制大高光、小高光

2）利用变形工具使高光更贴合瓶口曲度

3）选取瓶身部分高光调整曲线增加明暗层次

4）复制瓶身，填充不透明度渐变，选区布尔运算得到瓶口部分高光

5）添加动感模糊制作拉丝纹理效果

（2）本任务中，在替换产品局部材质后，需要增强产品的光影层次，添加的渐变效果不仅局限于颜色，还可以包括 ________ 的渐变。

（三）检查质感提升效果与产品的一致性并完善总结

1. 各组选派代表汇报产品质感提升的效果及制作技巧，听取各组汇报，分析各组在细节清晰度提升、材质质感提升、整体自然度提升等方面的优点，并互相提出修改意见。

____

____

2. 查阅信息页中的评分细则，结合各组代表的汇报表现，完成组间互评并说明理由，填入表 3-4-17 中，根据各方反馈意见进一步修改完善。

表 3-4-17　　评价项目 7：产品质感提升评分表

<table>
<tr><th>评价项目</th><th>评价标准</th><th colspan="6">组间互评（30%）</th><th>教师评价（70%）</th><th>说明</th></tr>
<tr><td rowspan="2">1. 产品质感提升技能掌握情况（共 5 分）</td><td>（1）能正确使用高反差保留、表面模糊等滤镜工具提升细节清晰度，工具参数设置得当，得 1 分</td><td></td><td></td><td></td><td></td><td></td><td></td><td></td><td></td></tr>
<tr><td>（2）能正确使用剪贴蒙版置换材质，贴图比例、角度设置得当，得 1 分</td><td></td><td></td><td></td><td></td><td></td><td></td><td></td><td></td></tr>
</table>

续表

评价项目	评价标准	组间互评（30%）						教师评价（70%）	说明
1. 产品质感提升技能掌握情况（共 5 分）	（3）能通过写实绘制，运用色彩、肌理等手法尽可能还原产品的真实质感，得 1 分								
	（4）能正确使用智能对象、变形等工具调整贴图透视关系，大小位置设置得当，得 1 分								
	（5）能使用调色、渐变等工具处理产品图片的影调，光影结构设计合理，得 1 分								
2. 质感提升效果（共 5 分）	（1）形状结构、比例与实物产品一致，无变形，得 1 分								
	（2）与产品色彩一致，无偏色，得 1 分								
	（3）纹理细腻，衔接自然，美化适度，得 1 分								
	（4）纹理比例、角度与产品一致，得 1 分								
	（5）产品光影层次符合实际，科学合理，得 1 分								
合计得分（共 10 分）									
最终得分（组间互评 30%+ 教师评价 70%）									
互评人签字：					教师签字：				

3. 回顾产品质感提升实施过程，梳理质感提升关键步骤和技术要点，填入表 3-4-18 中。

表 3-4-18　　产品质感提升活动实施报告

学习活动名称	产品质感提升				
院　系		专　业		班　级	
姓　名		学　号		日　期	
学习活动目的及要求	简述本次学习活动目的及要求：				

续表

学习活动名称	产品质感提升
学习活动准备	本次学习活动操作需要准备的工具、材料：
内容及步骤	简述学习活动的内容及步骤：
总结	本次学习活动的收获、问题和教训：
教师评语	

六、添加光效

（一）分析案例中添加光效运用的知识和技能

1. 观看制作反光效果、制作高光光斑微课，梳理添加反光、高光光斑等光效的方法和技巧。

（1）本任务制作反光效果需要用到“白色—透明”的渐变色，仔细观察图 3–4–14 中的渐变色条，判断是否为“白色—透明”的渐变，并说出判断依据。

图 3–4–14　渐变色条示意图

判断结果：☐ 是 ☐ 否

判断依据：____

（2）在使用画笔工具制作高光光斑时，对光斑进行模糊弱化处理，用到的是________；对光斑进行发光处理，用到的是________；对光斑进行虚实处理，调整的是________。

2. 查阅信息页中镜头光晕滤镜的相关资料，获取镜头类型、亮度、位置等参数的作用及设定技巧等信息，尝试设置不同参数观察镜头的光晕效果，将下面的光晕效果与对应的参数进行连线匹配。

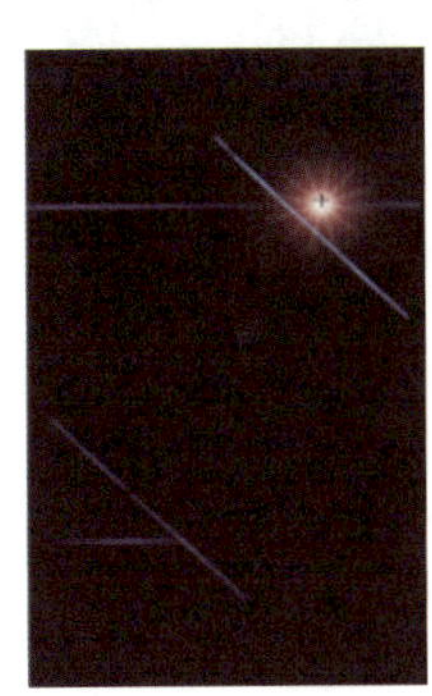

50 ~ 300 mm 变焦	35 mm 聚焦	105 mm 聚焦	电影镜头

3. 小组共同讨论为产品的局部和整体添加光效的方法，梳理后填入表 3-4-19 中。

表 3-4-19　　海报光效添加操作要点

光效添加部位	方法	使用工具	操作要点

（二）添加光效并自检效果

1. 根据表 3-3-13，结合光源位置及光照方向进行分析，制作产品反光光效，完成以下问题。

（1）表盘反光效果渐变方向的确定依据是＿＿＿＿＿＿＿＿＿＿＿＿＿＿。

（2）在选区中制作“白色—透明”渐变时，渐变类型是（　　）。【单选题】

A. 线性渐变　　B. 径向渐变

C. 对称渐变　　D. 角度渐变

（3）若想让表盘反光看起来更加自然，需对其（　　）进行进一步调整。【单选题】

A. 大小　　B. 颜色

C. 不透明度　　D. 渐变类型

2. 根据产品图片整体的亮度，选择合适的镜头类型和位置，为画面整体添加镜头光晕效果，填入表 3-4-20 中。

表 3-4-20　　镜头光晕添加操作要点

光晕添加位置示意图	光效类型	添加方法	选用该方法的原因

3. 根据整体设计方案和画面视觉效果，检查产品图片反光效果、光晕光斑效果与光源方向是否一致、光效强度是否得当，记录自检结果，填入表 3–4–21 中，并进行调整优化。

表 3-4-21　　光效自检表

观察项目	结论	调整措施
1. 表盘反光效果、光晕光斑效果与光源方向是否一致	□是　□否	
2. 光效强度是否得当	□是　□否	

（三）检查光效一致性、合理性并完善总结

1. 各组选派代表展示汇报光效添加效果，互检光源的一致性和光效强度的合理性，互相提出修改意见并记录。

____

____

2. 查阅信息页中的评分细则，结合各组代表的汇报表现，完成组间互评，填入表 3–4–22 中，并根据反馈意见优化完善。

表 3-4-22　　评价项目 8：海报光效的添加与参数的设置评分表

评价项目	评价标准	组间互评（30%）						教师评价（70%）	说明
1. 产品图片反光效果符合产品光源环境	一般（0～1分） 良好（2～3分）								
2. 光晕自然，不突兀									

续表

评价项目	评价标准	组间互评（30%）						教师评价（70%）	说明
3. 边缘高光柔和自然	优秀（4 ~ 5 分） 注：每项单独评分，合计时取五项的平均值								
4. 光斑大小、亮度适中									
5. 光效与素材光源方向一致									
合计得分（共 5 分）									
最终得分（组间互评 30%+ 教师评价 70%）									
互评人签字：		教师签字：							

3. 对添加光效的工作内容进行总结，绘制产品光效添加与设置思维导图，如图 3-4-15 所示，并录制海报光效添加与设置操作要点视频。

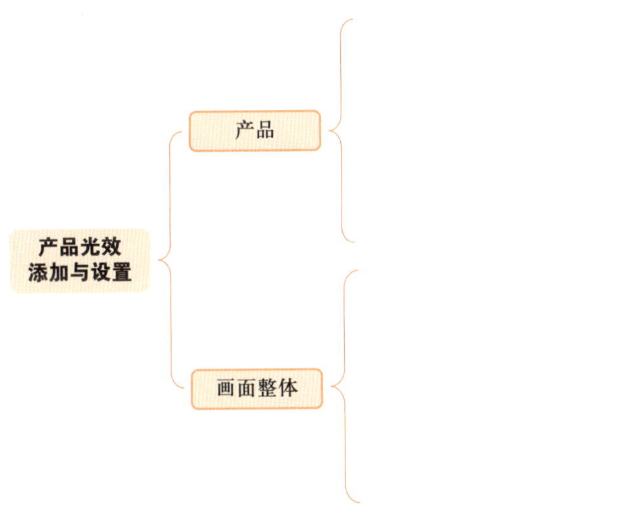

图 3-4-15　产品光效添加与设置思维导图

七、打造产品立体感

（一）梳理立体感打造的方法和技巧

1. 查阅信息页中打造产品立体感、阴影种类的相关资料，获取阴影的种类、作用、特征等内容。

（1）图 3-4-16 中的两个正方形都添加了斜面和浮雕的图层样式，导致二者效果不同的是（　　）。【单选题】

A. 样式　　B. 方法　　C. 深度　　D. 方向

图 3-4-16 添加了斜面和浮雕样式的正方形示意图

（2）将下列不同的阴影与其相应的类型进行连线匹配。

反射光阴影　　直射光阴影　　投影阴影　　闭塞阴影　　环境光阴影

2. 小组讨论产品立体感打造的方法，整理增加厚度、底部投影、长投影的制作技巧，填入表 3-4-23 中。

表 3-4-23　立体感打造操作要点

立体感打造类型	使用工具	操作流程
增加厚度		
底部投影		
长投影		

（二）打造产品立体感的操作

1. 根据表 3-3-13 选择相应工具，观察产品整体比例关系，为产品添加合适的斜面浮雕、投影等图层样式，设置适当的参数，打造产品的立体感。

（1）为产品主体添加斜面和浮雕，应选择的样式是（　　）。【多选题】

A. 外斜面　　B. 内斜面

C. 浮雕效果　　D. 枕状浮雕

E. 描边浮雕

（2）在下列选项中，（　　）斜面和浮雕的参数效果最好。【单选题】

A. 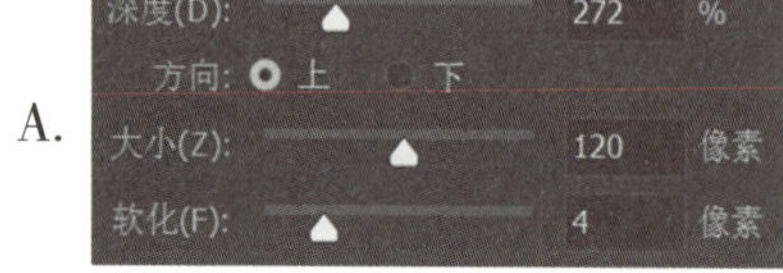

B. 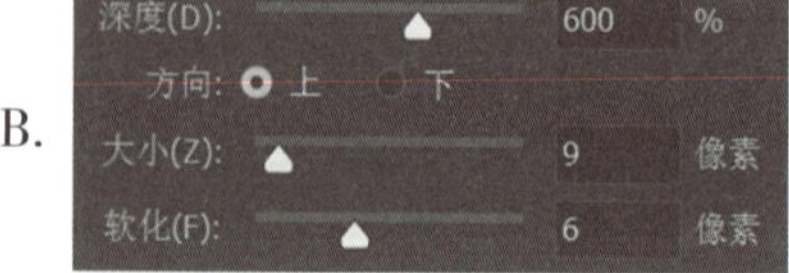

C. 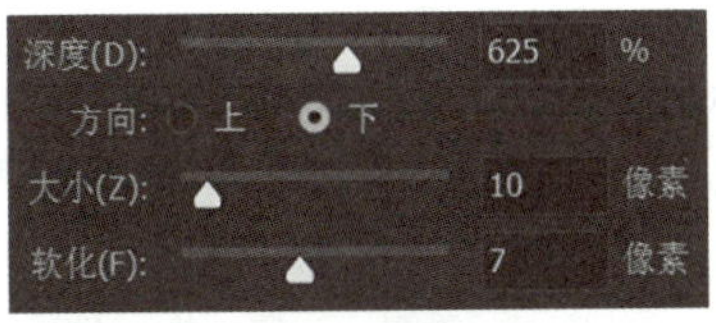
深度(D): 625 %
方向: 上 下
大小(Z): 10 像素
软化(F): 7 像素

D.
深度(D): 625 %
方向: 上 下
大小(Z): 133 像素
软化(F): 2 像素

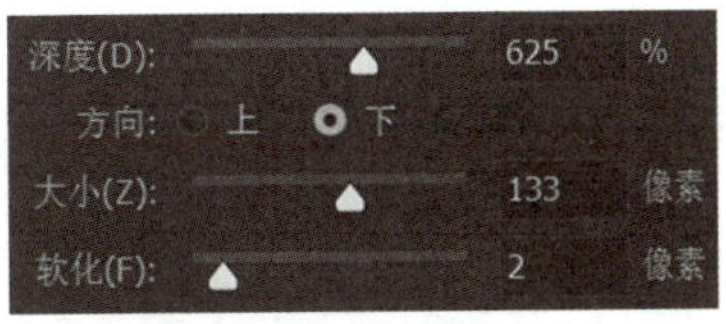

2. 根据表 3-3-13 选择相应工具，观察产品底部接触面的形状，为产品绘制底部投影，模糊投影边缘，使产品底部自然贴合。

（1）在绘制底部投影时，投影形状应匹配底部接触面，如果产品外轮廓与底部接触面一致时，可添加投影图层样式。(　　)【判断题】

（2）如果通过添加投影图层样式来制作底部阴影，相关参数分别为混合模式________，不透明度________，角度________，距离________，扩展________，大小________。

3. 根据表 3-3-13 选择相应工具，结合光源位置和光源方向进行分析，判断长投影的方向及形态，为产品绘制长投影，记录操作过程，填入表 3-4-24 中。

表 3-4-24　绘制长投影操作要点

项目	使用工具	操作要点
绘制长投影		

（三）检查光影的一致性并修改完善

1. 小组选举代表展示交流产品立体感的提升效果及制作要点，互相提出修改意见，根据反馈意见进行优化完善。

____

____

____

2. 查阅信息页中的评分细则，完成组间互评，填入表 3-4-25 中。

表 3-4-25　评价项目 9：产品立体感打造评分表

评价项目	评价标准	组间互评（30%）						教师评价（70%）	说明
1. 投影的绘制（共 6 分）	（1）投影方向与光源方向一致，得 2 分；偏差较小，得 1 分								

续表

评价项目	评价标准	组间互评（30%）						教师评价（70%）	说明
1. 投影的绘制（共6分）	（2）投影大小的设定符合图片光源特点，得2分，偏差较小，得1分								
	（3）长投影与背景融合度高，得2分，略显突兀，得1分								
2. 整体立体感提升效果（共4分）	（1）斜面和浮雕样式设置适当，得2分；效果一般，得1分								
	（2）立体感效果明显、自然，得2分；效果一般，得1分								
合计得分（共10分）									
最终得分（组间互评30%+教师评价70%）									
互评人签字：					教师签字：				

（四）完成高阶立体感制作并总结反思

1. 小组合作讨论产品凹凸等高阶立体效果的制作方法，整理记录高阶立体感效果的制作方法和操作要点，填入表3-4-26中。

表3-4-26　　高阶立体感效果制作操作要点

高阶立体感效果类型	方法	使用工具	操作要点
凸出			
凹陷			
半透明倒影			

2. 分析表3-4-27中产品的光影结构，判断并标注光源位置及光照方向，为产品制作半透明倒影效果，记录操作流程及要点、遇到的问题、解决的方法。

表 3-4-27　　高阶立体感打造操作要点记录表

产品图片及倒影示例	操作流程及要点	遇到的问题	解决的方法

3. 小组选举代表展示制作效果并互相点评，根据反馈意见进一步优化完善。

____

____

4. 对立体感打造的工作内容进行总结，绘制产品立体感打造思维导图，如图 3-4-17 所示，并录制产品立体感打造操作要点视频。

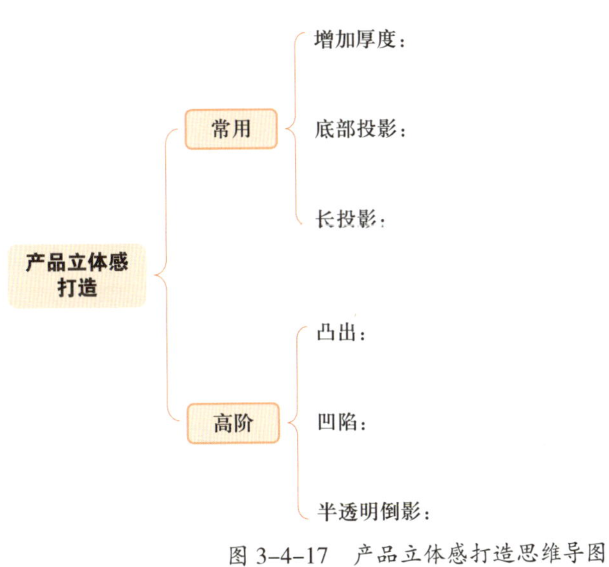

图 3-4-17　产品立体感打造思维导图

八、特效文字制作

（一）提炼不同特效文字制作的方法和技能

1. 观看文字工具使用的微课视频，记录文字图层的特征、文字属性的设置方法等内容。

（1）以下关于文字图层的说法中，正确的是（　　）。【多选题】

A. 文字图层的内容可以随时通过图层面板上双击该层或者使用文字工具单击文字区域进行修改或替换

B. 文字工具只能用于输入点文字，无法创建段落文字

C. 使用文字工具时只能横向输入

D. 修改文字颜色需选中要修改的文字，再进行文字颜色的重新选择和设置

（2）如何在已有字体的基础上修改文字的轮廓？

____

____

2. 查阅信息页中不同文字特效制作方法和操作要点的相关资料，整理不同文字特效的制作方法和操作要点，将图片与其中文字采用的特效名用线连接起来。

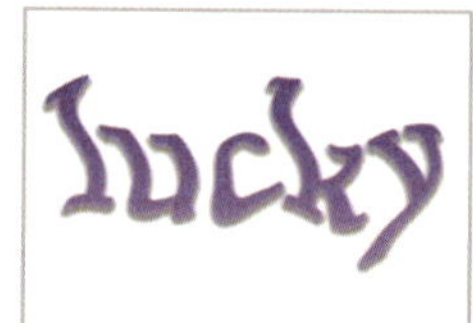

扭曲特效　　金属特效　　渐变特效　　材质特效

（二）制作特效文字，实现与画面风格相匹配

根据产品海报特效处理策略，制作符合文案要求和产品调性的标题文字，并记录操作要点，填入表 3-4-28 中。

表 3-4-28　　特效文字制作操作要点

文字效果类型	制作方法	使用工具	操作要点

（三）检查特效文字与整体风格的一致性并修改完善

1. 小组选举代表展示交流质感特效文字的制作效果及技术要点，听取同学汇报，记录并提出修改意见。

2. 查阅信息页中的评分细则，结合各组的展示完成组间互评，填入表 3-4-29 中，并根据各方反馈意见优化完善。

表 3-4-29　　　　评价项目 10：特效文字制作评分表

评价项目	评价标准	组间互评（30%）						教师评价（70%）	说明
1. 文字基本属性设置（共 2 分）	（1）字体、字号、间距等基本属性设置适当，得 1 分；效果较好，得 0.5 分								
	（2）在原有字体基础上调整路径，风格与整体调性搭配，得 1 分；路径有所调整，较为美观，得 0.5 分								
2. 特效添加效果（共 3 分）	（1）图层样式设置美观和谐，得 1 分；效果一般，得 0.5 分								
	（2）材质贴图素材选择适当，得 0.5 分；与文字比例和谐，得 0.5 分；共 1 分								
	（3）特效文字整体样式美观，得 0.5 分；与整体画面风格一致，得 0.5 分；共 1 分								
合计得分（共 5 分）									
最终得分（组间互评 30%+ 教师评价 70%）									
互评人签字：				教师签字：					

（四）完成不同特效文字的制作并总结反思

1. 小组合作学习并尝试制作不同材质的文字，包括金色金属、银色金属、玻璃、液体、火焰等，完成以下问题。

（1）制作金色金属质感文字可使用图层样式中的________和________，并调整________和________等参数来模拟金属的光泽。

（2）银色金属文字的制作与（　　）图层样式无关。**【单选题】**

A. 渐变叠加　　B. 描边　　C. 斜面与浮雕　　D. 外发光

（3）制作玻璃质感文字效果时，（　　）步骤是不必要的。【单选题】

A. 选择透明字体　B. 添加纹理　C. 调整透明度　D. 使用渐变叠加

（4）制作液体文字效果时，（　　）工具是必需的。【单选题】

A. 波浪滤镜　B. 模糊　C. 液化　D. 渐变

（5）在制作火焰文字效果时，（　　）图层样式不常用。【单选题】

A. 投影　B. 外发光　C. 颜色叠加　D. 斜面与浮雕

2. 结合文案要求分别制作匹配海报风格的特效文字，记录制作中遇到的问题及解决的方法。

3. 梳理不同材质特效文字的制作步骤和技术要点，填入表 3-4-30 中。

表 3-4-30　特效文字制作活动实施报告

学习活动名称	特效文字的制作				
院　系		专　业		班　级	
姓　名		学　号		日　期	
学习活动 目的及要求	简述本次学习活动目的及要求：				
学习活动准备	本次学习活动操作需准备的工具、材料：				
内容及步骤	简述学习活动的内容及步骤：				
总结	本次学习活动的收获、问题和教训：				
教师评语					

九、整体调整

（一）梳理海报整体调整的相关知识和技能

1. 查阅信息页中关于提升海报画面整体感的相关资料，梳理海报整体色调及排版的调整方法和技巧，完成以下问题。

（1）在设计海报时，（　　）是提升整体感的关键要素。【单选题】

A. 使用的字体种类　　B. 各图层的层次关系

C. 整体色调的协调　　D. 各元素的大小比例关系

（2）在调整海报色调时，通常建议使用（　　）主色调，并搭配（　　）辅助色调，以保持画面的和谐统一。【单选题】

A. 1 ~ 3 种　　B. 3 ~ 5 种　　C. 5 ~ 6 种　　D. 多种

2. 整理平衡海报中的文字、图片和空白区域方法，将以下整体版式、层次、色调调整的要点和注意事项补充完整。

（1）为突出视觉焦点时，通过排版技巧将海报中的关键信息（如标题、图片等）放置在____________位置，以吸引观众的注意力。

（2）为保持文字清晰可读时，应选择适当的__________、__________和__________，确保海报中的文字信息清晰可读。

（3）为合理布局图片时，应根据海报的主题和风格选择合适的图片，并通过______技巧将其放置在合适的位置，以增强海报的视觉效果。

（4）为适当留白时，应在海报中保留适当的______区域，可使画面更加通透、舒适。

（二）调整海报整体效果，营造视觉焦点

1. 根据整体设计方案和要求，观察画面现有排版布局，调整图层大小、位置、顺序，营造视觉焦点，提升画面层次感，通过调整混合模式、不透明度等，使元素、图层间的过渡更加自然，并将操作内容填入表 3-4-31 中。

表 3-4-31　　产品海报整体调整操作要点

调整类型	方法	使用工具	操作要点

2. 观察画面色调，调整局部和整体色调，使之匹配产品调性且统一和谐。在调整时，应使用的调色工具是什么？其参数又是如何设置的呢？

（三）检查海报的统一性与方案的一致性并完善总结

1. 组内展示交流海报整体调整的效果及要点，听取他人汇报并提出修改意见，根据他人的反馈进行修改完善。

2. 查阅信息页中的评分细则，完成组间互评，填入表 3-4-32 中。

表 3-4-32　　评价项目 11：海报版式、层次、色调的整体调整评分表

评价项目	评价标准	组间互评（30%）						教师评价（70%）	说明
1. 整体版式（共 1 分）	能按照整体设计方案突出产品，得 1 分								
2. 整体层次（共 2 分）	画面有纵深层次感，营造了产品的展示空间，得 2 分；具有一定的层次感，得 1 分								
3. 整体色彩（共 2 分）	各元素色彩和谐美观，主体色彩突出但又不突兀，得 2 分；色彩较为协调，得 1 分								
合计得分（共 5 分）									
最终得分（组间互评 30%+ 教师评价 70%）									
互评人签字：				教师签字：					

3. 对海报整体调整的工作内容进行总结，绘制产品海报整体调整思维导图，如图 3-4-18 所示，并录制产品海报整体调整操作要点视频。

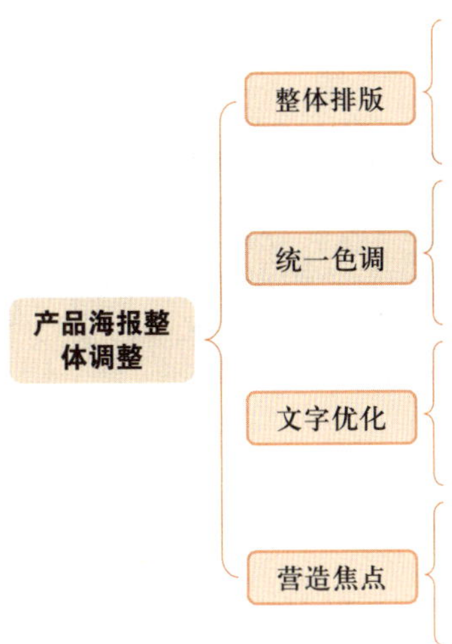

图 3-4-18 产品海报整体调整思维导图

学习环节五 过程控制

学习目标

1. 能够采用独立工作的方式，根据交付要求，检查文档大小、分辨率、色彩模式等参数，合成输出海报初稿，自检初稿的文件属性、内容和画质，记录存在的问题并修改完善，确保海报初稿参数设置准确。

2. 能够根据整体设计要求和特效处理要求互相检查并展示初稿，根据反馈意见优化完善，直至定稿，在小组活动过程中，能够对校正、修复、抠像的准确性进行判断；根据工作时间和交付要求输出产品海报终稿，确保内容完整，格式正确；采用小组角色扮演的方式，模拟产品海报特效处理项目验收，填写验收报告，确保项目顺利验收交付；在小组活动过程中，能够精准捕捉其他小组提出的问题并进行解答；能整理设计文件档案。

建议学时

4 学时

学习要求

序号	学习步骤	学习内容	学时	备注
1	输出并检查初稿	**实践知识：** （1）文字的轮廓化处理 （2）产品海报特效处理初稿的输出 （3）产品海报特效处理初稿格式与画面质量的检查 **理论知识：** （1）产品海报输出检查的要点 （2）产品海报输出前的处理规范 （3）不同媒介对文件输出格式的要求 **能力素养：** 严谨细致	1	

续表

序号	学习步骤	学习内容	学时	备注
2	完善初稿并模拟验收	**实践知识：** （1）产品海报特效处理初稿的展示汇报 （2）反馈意见的理解与执行 （3）产品海报特效处理终稿的输出 （4）模拟验收 **理论知识：** 产品海报设计文件的管理规范 **能力素养：** （1）与人沟通的能力 （2）服务意识 （3）文明友善	3	

一、输出并检查初稿

（一）完成输出前的处理并输出初稿

1. 查阅信息页中海报输出前处理规范的相关资料，明确海报输出前的处理要求和步骤，将海报中文字转化为路径，进行轮廓化处理。

（1）海报输出前需要注意的事项包括（　　）。【多选题】

A. 校对海报内容，确保文字、数据、图片等信息准确无误

B. 根据输出方式选择正确的颜色模式（如 RGB 或 CMYK）

C. 设置图片的分辨率和格式，确保输出质量

D. 检查字体是否已轮廓化处理或已选择标准字体

E. 忽略出血和边距的设置，直接输出初稿

（2）输出前将特效海报中的文字进行轮廓化处理，其作用是（　　）。【单选题】

A. 增强海报视觉效果　　B. 保持海报文字样式不变

C. 提高文字辨识度　　D. 提高设计灵活性

（3）补全在 Adobe Photoshop 软件中将文字进行轮廓化处理的关键步骤。

1）使用________工具选中海报上的文字。

2）右键单击文字图层，选择“转换为形状”或“____________”选项。

3）将文字转化为路径后，使用直接选择工具对____________进行编辑和调整。

4）在____________中添加描边并设置轮廓的颜色、大小和位置。

2. 查阅表 3–1–1，回顾文档大小、分辨率、色彩模式等要求，填入表 3–5–1 中，并根据输出格式要求，合成输出产品海报初稿。

表 3–5–1　　任务要求回顾

输出文件名称	格式	尺寸	分辨率	色彩模式

（二）自检初稿并修改完善

1. 根据整体特效海报效果，自检产品主体透视、色调、颜色是否准确，是否有瑕疵，边缘是否有杂色，特效应用是否自然，整体版式、色调是否协调，记录检查结果和存在的问题，填入表 3–5–2 中。

表 3–5–2　　产品海报初稿检查记录

检查项目	检查结果记录	存在的问题
设计尺寸		
分辨率		
颜色模式		
交付格式		
产品主体		
氛围感背景		
产品质感		
产品光效		
产品立体感		
文字设计及内容		

2. 查阅信息页中的评分细则，完成自我评价，填入表 3–5–3 中。

表 3–5–3　　评价项目 12：产品海报特效处理初稿评分表

评价项目	评价标准	自我评价（10%）	教师评价（90%）	说明
1. 初稿的文件格式（共 1 分）	色彩模式、分辨率、尺寸、文件格式符合输出要求，得 1 分			

续表

评价项目	评价标准	自我评价（10%）	教师评价（90%）	说明
2. 初稿的画面质量（共4分）	（1）产品主体干净、无瑕疵，色调颜色正常，边缘过渡自然，得1分			
	（2）特效制作有效体现产品的细节、质感、立体感，得1分			
	（3）特效风格统一、融合度高，得1分			
	（4）主体突出，画面层次感强，得1分			
合计得分（共5分）				
最终得分（自我评价10%+教师评价90%）				
自评人签字：		教师签字：		

二、完善初稿并模拟验收

（一）互检初稿并总结反思

1. 通过组内展示讨论，选出本组“最优初稿”，各组代表上台展示汇报“最优初稿”，说明制作流程、关键技术，讲解画面效果，其他同学分析各组汇报的优点，提出建议。

____

____

____

____

____

____

2. 回顾初稿自检和互检过程中发现的问题，记录修改意见和解决方法，总结经验和不足，填入表3–5–4中。

表3–5–4　自检互检总结

	产品图片的校正	产品主体的修复	产品主体的抠取	特效处理
经验				

续表

	产品图片的校正	产品主体的修复	产品主体的抠取	特效处理
不足				

（二）输出终稿，角色扮演模拟验收过程

1. 再次确认本任务的交付要求，明确提交的文件内容、格式，输出终稿，进行规范命名和储存，填入表 3-5-5 中。

表 3-5-5　　终稿交付清单

提交内容	格式	重命名	是否核对准确
			□是 □否

2. 组内成员根据验收报告，分别扮演设计师助理和设计师，由设计师助理向设计师汇报成果，精准解答设计师提出的问题，设计师结合设计师助理的汇报成果及问答表现，填入表 3-5-6 中。

3. 查阅信息页中的评分细则，完成组间互评，填入表 3-5-7 中。

表 3-5-6　　产品海报验收单

项目名称		投放平台	
设计师		设计师助理	
发布规格			
验收情况	□产品图片主体清晰、无缺陷　□文案内容准确　□主题明确突出 □整体效果完整、美观　□输出格式符合要求　□其他________		
验收意见	□验收通过	□验收不通过	
验收人		验收方公章	
日期			

表 3-5-7　　评价项目 13：产品海报终稿交付评分表

评价项目	评价标准	组间互评（30%）						教师评价（70%）	说明
1. 验收报告的填写（共 1 分）	验收报告填写准确，得 1 分								
2. 终稿的命名存储（共 2 分）	（1）源文件命名、存储规范，得 1 分								
	（2）展示文件命名、存储规范，得 1 分								
3. 问题解答的情况（共 2 分）	能精准捕捉验收人的问题并进行解答，得 2 分；能较好回答验收人提出的问题，得 1 分								
合计得分（共 5 分）									
最终得分（组间互评 30%+ 教师评价 70%）									
互评人签字：				教师签字：					

4. 根据企业文件管理制度和规范，整理设计档案，设计档案分类示意图，如图 3-5-1 所示。

图 3-5-1　设计档案分类示意图

学习环节六 总结拓展

学习目标

1. 能在教师的指导下，共同梳理产品海报特效处理项目的技术要点，绘制要点树状图，总结产品海报不同特效处理的方式方法、使用工具的优缺点，反思经验和不足，提出改进措施；在与教师交流沟通时，能够认真按照教师的指导，进行反思内化、举一反三。

2. 能独立领取任务素材，提取海报整体设计要求、特效处理要求、交付要求；能分析提供的图片素材和特效处理要求，搜集产品防水功能展示的同类案例，提炼可用的特效元素，独立检查产品图片存在的问题，分析主体特征、与背景的色差，构思特效处理的方式和工具，制定特效处理设计方案；校正透视、色调，修复瑕疵，使用合适的工具抠取产品主体、装饰元素，添加产品光效和环境光效，制作环境元素，制作特效文字，合成素材，整体调整后输出初稿并完成自检，根据制作要求和交付要求输出终稿，整理设计资料档案，确保产品细节清晰有质感、卖点突出、表现力强，画面统一协调，场景逼真。

建议学时

14 学时

学习要求

序号	学习步骤	学习内容	学时	备注
1	总结技术要点	**实践知识：** （1）产品海报特效处理技术要点的梳理 （2）不同特效处理的方式方法、使用工具分析总结 **理论知识：** 树状图的绘制技巧 **能力素养：** 劳动精神	2	

续表

序号	学习步骤	学习内容	学时	备注
2	完成巩固训练	**实践知识：** （1）产品防水功能的海报特效处理要求及交付要求的提取 （2）防水功能相关特效设计元素的提炼 （3）各素材图层遮挡、比例关系的判断 （4）水下丁达尔效果的模拟 （5）气泡的设计规律 （6）装饰元素排列布局方式的构思 （7）折射角度的把控 **理论知识：** （1）水纹、水花等氛围感装饰元素抠取要点 （2）丁达尔效应的原理及效果 （3）气泡等装饰元素的绘制方法 （4）水样材质特效的制作要点 （5）折射特效文字的元素组成 **能力素养：** 数字技术应用能力	12	

一、总结技术要点

（一）总结产品海报特效处理的技术要点

1. 共同梳理产品海报特效处理任务的关键步骤及技术要点、注意事项，绘制产品海报特效处理技术要点思维导图，如图 3–6–1 所示。

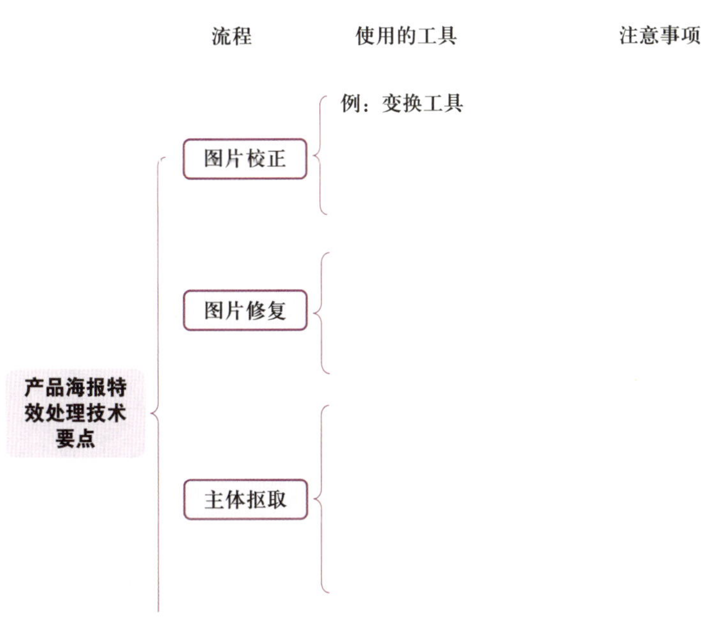

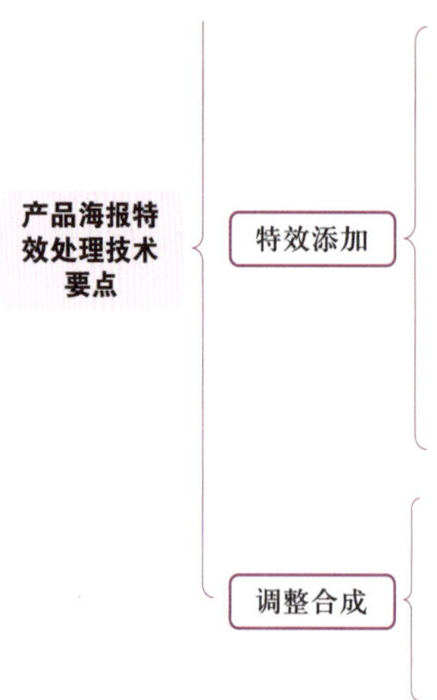

图 3-6-1　产品海报特效处理技术要点思维导图

2. 总结产品海报不同特效处理的方式方法、使用工具的优缺点，填入表 3-6-1 中。

表 3-6-1　产品海报特效处理方式、工具梳理表

特效类型	制作方式	制作工具	优点	不足
氛围感营造				
质感提升				
光效制作				
立体感打造				
特效文字制作				

（二）分析技术要点总结的全面性和准确性并修改完善

各组选派代表分享展示产品海报特效处理技术要点思维导图和产品特效处理方式梳理表，查阅信息页中的评分细则，完成组间互评，填入表 3-6-2 中，根据反馈意见修改完善。

表 3-6-2　评价项目 14：产品海报特效处理技术要点总结评分表

评价项目	评价标准	组间互评（30%）						教师评价（70%）	说明
1. 特效处理技术要点描述（共 4 分）	（1）关键步骤、技术要点、注意事项完整准确，得 2 分，遗漏一点扣 0.5 分，共 2 分								

续表

评价项目	评价标准	组间互评（30%）						教师评价（70%）	说明
1. 特效处理技术要点描述（共 4 分）	（2）氛围感背景制作、产品质感提升、光效制作、立体感打造、特效文字制作等技术要点描述全面到位，得 2 分，遗漏一点扣 0.5 分，共 2 分								
2. 思维导图排版（共 1 分）	（1）简洁美观，得 0.5 分								
	（2）逻辑清晰，得 0.5 分								
合计得分（共 5 分）									
最终得分（组间互评 30%+ 教师评价 70%）									
互评人签字：				教师签字：					

二、完成巩固训练

（一）领取任务，提取设计关键信息

1. 独立领取“产品防水功能展示海报特效处理”任务单和设计资料，解读任务单，使用红笔将交付要求的基本信息和海报特效处理设计要求等标注出来，填入表 3–6 3 中。

表 3-6-3　　产品防水功能展示海报特效处理任务要求分析

任务名称		
交付要求	设计尺寸	
	分辨率	
	颜色模式	
	交付格式	
	工作周期	
设计要求	整体设计要求	
	特效处理要求	
	文案内容	

2. 浏览设计资料，判断素材图片是否存在透视、曝光、偏色、瑕疵等方面的问题，填入表 3–6–4 中。

表 3–6–4　　素材图片存在的问题分析

分析类别	观察方法	存在的问题

3. 根据任务单及之前学习的方法与技巧分析产品的光影结构，判断光照方向和强度，填入表 3–6–5 中。

表 3–6–5　　光源分析

分析类别	分析内容	分析结果	光源分析标注
光源分析	光源位置		
	光照方向		

（二）制定图片问题处理与特效制作方案

1. 根据素材图片问题分析，素材主体特征、与背景的色差，选择合适的工具抠取产品主体、水纹、水花等画面元素，填入表 3–6–6 中。

表 3–6–6　　产品防水功能展示海报素材处理方案

<table>
<tr><th>校正内容</th><th colspan="2">校正工具</th></tr>
<tr><td></td><td colspan="2"></td></tr>
<tr><th>修复内容</th><th>修复流程</th><th>修复工具</th></tr>
<tr><td></td><td></td><td></td></tr>
<tr><th>抠取内容</th><th>抠取流程</th><th>抠取工具</th></tr>
<tr><td></td><td></td><td></td></tr>
</table>

2. 分析提供的图片素材和特效处理要求，搜集产品防水功能展示的同类案例，提炼可用的特效元素，制定图片问题处理与特效制作方案。

（1）根据整体设计方案，在图 3-6-2 中标注出各图层的轮廓范围。

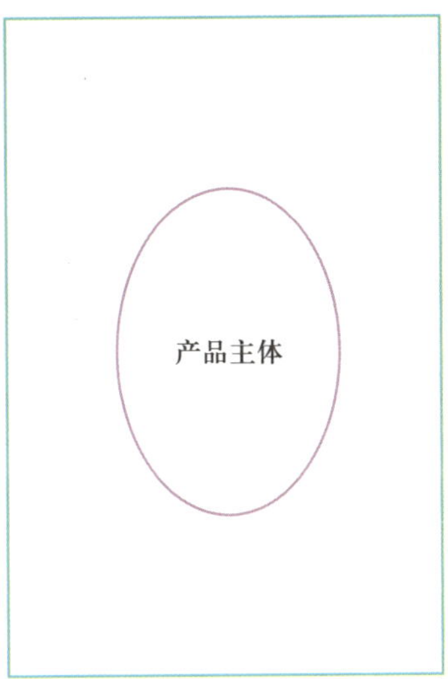

图 3-6-2　产品防水功能展示海报特效处理过渡示意图

（2）搜集丁达尔效应的原理及呈现效果，分析如何使用绘制工具、渐变工具制作水下丁达尔效果。

1）在下列选项中，（　　）是丁达尔效应现象。【多选题】

A.  B. 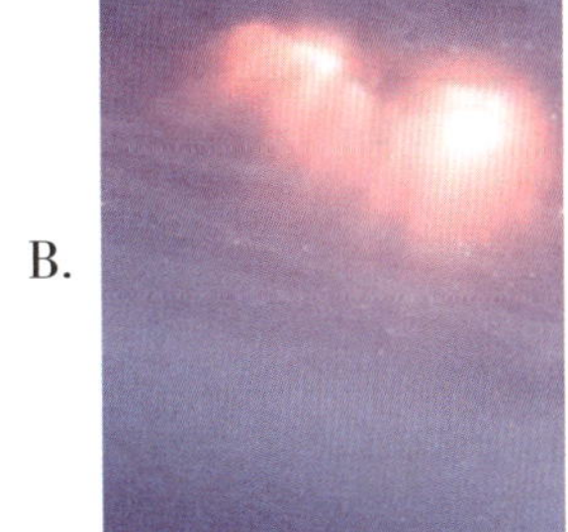 C. 

2）回顾前期所学的光效制作方法，结合搜集的资料，简述如何模拟丁达尔效应。

______

______

______

______

______

（3）分析案例中气泡的设计规律，构思气泡的位置、大小、间距、运动方向。

1）观察表 3-6-7 中运用的气泡，分析气泡的形状、色彩、数量、大小、间距，体会不同形态、布局气泡带来的直观感受，填入表 3-6-7 中。

表 3-6-7　　气泡设计分析

图例	特征	呈现效果	直观感受
	形状	□正圆形　□椭圆形　□不规则	□视觉焦点突出 □增强空间感 □增强记忆点 □动态视觉效果 □引导视觉流程 □促进情感共鸣 □其他________
	色彩	□白色　□彩色____ □透明　□半透明　□不透明	
	数量	□单个　□多个	
	大小	□一致　□逐渐变大　□随机变化	
	间距	□相等　□扩散　□离散	
	形状	□正圆形　□椭圆形　□不规则	□视觉焦点突出 □增强空间感 □增强记忆点 □动态视觉效果 □引导视觉流程 □促进情感共鸣 □其他________
	色彩	□白色　□彩色____ □透明　□半透明　□不透明	
	数量	□单个　□多个	
	大小	□一致　□逐渐变大　□随机变化	
	间距	□相等　□扩散　□离散	
	形状	□正圆形　□椭圆形　□不规则	□视觉焦点突出 □增强空间感 □增强记忆点 □动态视觉效果 □引导视觉流程 □促进情感共鸣 □其他________
	色彩	□白色　□彩色____ □透明　□半透明　□不透明	
	数量	□单个　□多个	
	大小	□一致　□逐渐变大　□随机变化	
	间距	□相等　□扩散　□离散	

2）将气泡的选择和绘制等操作内容填入表 3-6-8 中。

表 3-6-8　　气泡大小、间距分析

类型	特征	呈现效果	实现方法
基本形态	形状		
	色彩		
布局变化	数量		
	大小		
	间距		

（4）构思特效处理方式和工具，完成产品防水功能展示海报特效处理设计方案的制作，填入表 3–6–9 中。

表 3–6–9 产品防水功能展示海报特效处理设计方案

特效类别	设计元素	制作流程	制作工具	应用位置

（三）处理图片素材，抠取产品主体和设计元素

1. 根据产品图片存在问题及处理方式分析表，校正透视、色调、颜色，修复瑕疵、平滑产品表面，保留并锐化产品的纹理刻度等关键信息，提升产品质感，并填入表 3–6–10 中。

表 3–6–10 图片素材处理记录

处理内容	关键技术	处理结果
校正		
修复		
抠取产品主体		
抠取设计元素		

2. 自检图片素材处理效果，记录问题并修改完善，填入表 3–6–11 中。

表 3–6–11 图片素材处理自检记录

处理内容	存在问题	解决方法	处理结果
校正			
修复			
抠取产品主体			
抠取设计元素			

（四）添加特效并合成海报

1. 根据产品防水功能展示海报特效处理设计方案，制作海底氛围感背景，绘制气泡等装饰元素，填入表 3–6–12 中。

表 3-6-12　　氛围感营造操作记录

绘制内容	色值	使用工具	操作技巧
	R： G： B： R： G： B： R： G： B：		
	R： G： B： R： G： B： R： G： B：		
	R： G： B： R： G： B： R： G： B：		
	R： G： B： R： G： B： R： G： B：		

2. 在产品海报源文件中置入产品主体，初步调整其大小和位置，观察画面效果，提升产品质感，填入表 3-6-13 中。

表 3-6-13　　产品质感提升操作记录

质感提升部位	方法	使用工具	操作要点

3. 根据产品的光照特征和整体亮度，添加光效，制作水下丁达尔效果，填入表 3-6-14 中。

表 3-6-14　　光效添加操作记录

光效类型	方法	使用工具	操作要点

4. 根据光源方向和强度分析判断阴影的方向和大小，通过绘制阴影、为产品添加合适的图层样式，打造产品的立体感，填入表 3-6-15 中。

表 3-6-15　　立体感打造操作记录

立体感打造方式	方法	使用工具	操作要点

5. 查阅信息页中水样材质特效的制作要点提示、折射特效文字的制作要点提示等相关资料，制作与海报风格相匹配的特效文字。

（1）为文字添加水波纹效果，应该使用（　　）滤镜。**【单选题】**

A. 模糊　　　　B. 扭曲

C. 锐化　　　　D. 渲染

（2）观察表 3-6-16 中的水样材质、折射风格特效文字特征，尝试制作图示效果，并记录操作要点。

表 3-6-16　　水样材质、折射风格特效文字操作要点记录

提取元素	操作要点
	将下列操作步骤排序： （　　）平移选中的文字部分 （　　）使用文字工具输入文字 （　　）使用选区工具选取文字的一部分 （　　）调整文字属性，进行栅格化，并保存
	1）创建特效文字：使用____工具输入文案内容，选择合适的字体、大小和______，确保文字清晰可见 2）添加水样纹理图片：打开所选中的水纹素材图片，依次选择“______”—“定义图案”选项，修改图案名称 3）添加水样材质效果：将文字栅格化后，选中图层依次添加“图层样式”—“______”—“图案”，选择刚添加的水纹素材图，根据画面需求，调整不透明度和缩放比例

6. 根据设计方案置入天空、远山、海底景物、水面等素材图片以及抠取的产品主体、水纹、水花等画面元素，判断各元素的遮挡和比例关系，调整图层顺序、位置、大小、角度、色调，并在表 3-6-17 中按照遮挡关系对素材进行排序。

表 3-6-17　　　　　素材排序表

素材图				
序号				
素材图				
序号				

（五）输出、自检并完善

1. 根据表 3-6-3 中的输出要求输出产品防水功能展示海报初稿，自检文件格式、整体效果和图文内容，填入表 3-6-18 中。

表 3-6-18　　　　　产品防水功能展示海报初稿自检记录

输出内容	格式	自检情况	处理结果

2. 组内分享产品防水功能展示海报的特效制作与合成效果图，记录反馈意见，根据师生的建议进行修改完善，整理归档设计资料。

3. 查阅信息页中的评分细则，完成组间互评，并填入表 3-6-19 中。

表 3-6-19　　评价项目 15：产品防水功能展示海报特效处理终稿评分表

评价项目	评价标准	组间互评（30%）						教师评价（70%）	说明
1. 符合交付要求（共 1 分）	符合交付要求，得 1 分；输出有误，不得分								
2. 产品问题处理（共 1 分）	无瑕疵、边缘像素过渡自然无杂色，得 1 分								

续表

<table>
<tr><th>评价项目</th><th>评价标准</th><th colspan="6">组间互评（30%）</th><th>教师评价（70%）</th><th>说明</th></tr>
<tr><td>3. 特效处理效果（共3分）</td><td>能突出产品的防水功能，营造场景具有趣味性，特效符合海报整体风格，得3分；能较好展示产品的功能，整体美观舒适，得2分；效果一般，得1分</td><td></td><td></td><td></td><td></td><td></td><td></td><td></td><td></td></tr>
<tr><td colspan="2">合计得分（共5分）</td><td colspan="8"></td></tr>
<tr><td colspan="2">最终得分（组间互评30%+教师评价70%）</td><td colspan="8"></td></tr>
<tr><td colspan="2">互评人签字：</td><td colspan="8">教师签字：</td></tr>
</table>